冬奥之城的美丽蝶变

延庆区绿色低碳美丽城市建设

北京市延庆区发展研究中心 主编

中国建筑工业出版社

审图号：京S（2025）016号

图书在版编目（CIP）数据

冬奥之城的美丽蝶变：延庆区绿色低碳美丽城市建

设 / 北京市延庆区发展研究中心主编. -- 北京：中国

建筑工业出版社，2025.4. -- ISBN 978-7-112-31000-5

I. X321.213

中国国家版本馆CIP数据核字第2025J3M086号

责任编辑：焦　扬　徐　冉
责任校对：张　颖

冬奥之城的美丽蝶变——延庆区绿色低碳美丽城市建设
北京市延庆区发展研究中心　主编

*

中国建筑工业出版社出版、发行（北京海淀三里河路9号）
各地新华书店、建筑书店经销
华之逸品书装设计制版
建工社（河北）印刷有限公司印刷

*

开本：787毫米×1092毫米　1/16　印张：14¼　字数：275千字
2025年4月第一版　2025年4月第一次印刷
定价：**168.00**元
ISBN 978-7-112-31000-5
（44704）

编写单位

北京市延庆区发展研究中心

北京市规划和自然资源委员会延庆分局

北京市延庆区发展和改革委员会

北京市延庆区住房和城乡建设委员会

北京市延庆区交通局

北京市延庆区城市管理委员会

北京市延庆区科学技术和经济信息化局（中关村科技园区延庆园管理委员会）

北京市延庆区文化和旅游局

北京市延庆区农业农村局

北京市延庆区园林绿化局

中国城市规划设计研究院

中国建筑科学研究院有限公司

中国电子工程设计院股份有限公司

北京市建筑设计研究院股份有限公司

北京交研智慧科技有限公司

北京清华同衡规划设计研究院有限公司

北京工业大学规划建筑设计院有限公司

北京能源集团有限责任公司

序

其实我最常看到延庆是从空中。清晨从首都机场的跑道上向北起飞，飞机穿过淡淡的轻霾跃向淡蓝色的天空。从窗口向下看到的超级大都市密密麻麻的街区渐渐远去，越过起伏的峰峦，见到蜿蜒的长城，山后一片翠绿的谷地，便是延庆了。

延庆是北京生态最好的地方，三面环山、西面有官厅水库，妫水河从东向西流淌，滋润了这片田野。高高的山脉将它与华北平原分开，不仅形成了不同的气候区，也阻隔了南面都市区时常泛起的雾霾，使这里天格外蓝，夜空的星星格外多。

记得小时候最骄傲的事儿就是从西直门乘火车去八达岭一鼓作气爬上长城最高的烽火台。大人会遥指山下的小镇说，那就是延庆。这些年去延庆方便了，先有高速，后有高铁，许多重要的大事件也在延庆发生，牵动我常常要穿过长长的隧道来到这里，总让我想起陶渊明的那片桃花源。

的确，这片塞外绿谷小城这些年产生了巨大的变化，尤其2019年的世园会和2022年的冬奥会为延庆添上了浓墨重彩的两笔，也像长城一样成为从空中定位延庆的大地坐标物，同时也是标志性绿色建筑与山水环境相结合的样板。我们中国院的团队为保护了这片生态环境作出的贡献而自豪，为助力延庆绿色高质量发展而骄傲。我们也因为自己的作品落户在延庆而与延庆有了一种牵挂和缘分！

这些年，延庆区绿色低碳美丽城乡的生动实践，践行了"两山"理念，提升了环境质量，改善了宜居品质，在建筑、交通、能源、城市管理全领域，园区、景区、社区、村镇全地域，全面推进了绿色可持续发展，显示出延庆区委区政府的努力和决心，让我对延庆有了更多的期盼。值此《冬奥之城的美丽蝶变——延庆区绿色低碳美丽城市建设》专著出版之际，应邀写下这段文字，向延庆致以衷心的祝福！

崔愷

2025年3月13日

　　"共谋绿色生活，共建美丽家园"，2019年4月28日在雄伟的长城脚下、美丽的妫水河畔，习近平主席与近110个国家和国际组织共同拉开中国北京世界园艺博览会（简称世园会）帷幕并发表重要讲话，讲话中"共同建设美丽地球家园，共同构建人类命运共同体"的全球倡议引起世界各国和人民热烈反响。主席殷切希望世园会园区所阐释的绿色发展理念能传导至世界各个角落。五年来，延庆全区上下一心牢记主席重要嘱托，立足北京生态涵养区功能定位，坚定不移以习近平生态文明思想为指引，坚持"像保护眼睛一样保护生态环境，像对待生命一样对待生态环境"，践行"两山"理论，坚持绿色高质量发展。2022年北京在绿色办奥理念下实现首个碳中和的冬奥会，会后延庆的"冰天雪地"也成为名副其实的绿色低碳发展的"金山银山"。回顾延庆历史，延庆坚持一张蓝图绘到底、一茬接着一茬干，将生态和绿色理念渗透到了每一寸土地，也浇灌到了每个人心里。一幅山清水秀、天蓝地绿的美丽延庆新画卷，正在绿水青山之间生动铺展。

　　党的二十大报告强调"中国式现代化是人与自然和谐共生的现代化，必须牢固树立和践行绿水青山就是金山银山的理念，站在人与自然和谐共生的高度谋划发展"。党的二十届三中全会《决定》明确"聚焦建设美丽中国，加快经济社会发展全面绿色转型，健全生态环境治理体系，推进生态优先、节约集约、绿色低碳发展，促进人与自然和谐共生"。《中共中央 国务院关于加快经济社会发展全面绿色转型的意见》提出构建绿色低碳高质量发展空间格局、加快产业结构绿色低碳转型、稳妥推进能源绿色低碳转型、推进交通运输绿色转型、推进城乡建设发展绿色转型等多项重点任务，全方位、全领域、全地域推进绿色转型。北京市近年来深入实施绿色北京战略，将更加突出绿色发展作为基本要求，着力改善环境质量，让青山绿水蓝天成为大国首都底色。《中共北京市委 北京市人民政府关于全面建设美丽北京加快推进人与自然和谐共生的现代化的实施意见》提出"坚持全领域转型……引领绿色发展之美；坚持全方位提升……引领生态环境之美；坚持全地域建设……引领城乡宜居之美；坚持全体系融合……引领人文传承之美；坚持全社会行动……引领社会共治之美"。北京市《关于新时代高质量推动生态涵养区生态保护和绿色发展的实施方案》提出"着力将生态涵养区建设成为展现北京美丽自然山水和历史文化的典范区、生态文明建设的引领区、宜居宜业宜游的绿色发展示范区"。

绿色低碳美丽城市是以绿水青山为鲜明底色、以低碳循环为显著特征、以美丽宜居为终极目标，新质生产力加快培育，人与自然和谐共生、城乡融合发展高水平呈现，具有全方位实践创新性和价值引领性的城市形态。延庆紧跟时代发展步伐，全力打造绿色低碳美丽城市标杆，立足生态涵养区定位，结合延庆山川秀美、空气清新、得天独厚的自然条件，通过一系列科学、系统、可行的措施，推动延庆地区在建筑、交通、能源、城市管理、公共空间、园区、景区、社区、村镇、滨水空间等城市建设重要领域、场景实现全面绿色转型，努力构建绿色低碳循环发展的经济体系，打造人与自然和谐共生的美好家园，特制定《延庆区绿色低碳美丽城市建设方案（2024年—2035年）》，统筹各领域协作推进城市规划建设全领域、全地域、全过程绿色低碳化转型，突显绿色低碳美丽延庆独特魅力。

延庆坚决贯彻党的二十大和二十届二中、三中全会精神，始终牢记习近平主席"延庆是属于未来的"重要嘱托，以勇闯新路赢得发展主动的意志决心，探索绿色低碳发展的新路径，聚力打造国际一流的生态文明示范区，建设生态文明幸福的最美冬奥城，形成新时代首都生态文明建设的名片，树立践行习近平生态文明思想的城市典范、生态保护建设的城市典范、美丽经济发展的城市典范和宜居宜业宜游的城市典范。

目 录

第1章

背　景

1.1 习近平生态文明思想和关于城市工作的重要论述

1.1.1 习近平生态文明思想

党的十八大以来，以习近平同志为核心的党中央将生态文明建设作为关系中华民族永续发展的根本大计，习近平生态文明思想不断丰富和完善，已形成一个系统完整、逻辑严密、内涵丰富、博大精深的科学体系。

落实生态文明思想要遵循"十个坚持"。"坚持党对生态文明建设的全面领导"，由党带领人民全面系统推进生态文明建设；"坚持生态兴则文明兴"，人类发展活动必须尊重自然、顺应自然、保护自然；"坚持人与自然和谐共生"，整个发展过程都要坚持节约优先、保护优先、自然恢复为主的方针；"坚持绿水青山就是金山银山"，加快完善生态产品价值实现路径，使绿水青山发挥生态效益和经济社会效益；"坚持良好生态环境是最普惠的民生福祉"，不断满足人民日益增长的优美生态环境需要；"坚持绿色发展是发展观的深刻革命"，把生态文明建设真正融入经济、政治、文化、社会建设之中，通过经济社会全面绿色转型促进美丽中国目标实现；"坚持统筹山水林田湖草沙系统治理"，对山水林田湖草沙进行统一保护、统一修复；"坚持用最严格制度最严密法治保护生态环境"，把生态文明建设纳入制度化、法治化轨道；"坚持把建设美丽中国转化为全体人民自觉行动"，让人民自主、自觉、全程、全面地参与到生态建设中；"坚持共谋全球生态文明建设之路"，深度参与全球环境治理，输出环境保护和可持续发展的中国方案。

推进生态文明建设应处理好五个重大关系。一是处理好高质量发展和高水平保护的关系。高质量发展和高水平保护是相辅相成、相得益彰的。高水平保护是高质量发展的重要支撑，生态优先、绿色低碳的高质量发展只有依靠高水平保护才能实现。二是处理好重点攻坚和协同治理的关系。要坚持重点攻坚，抓住主要矛盾和矛盾的主要方面，以重点突破带动全局工作提升。要强化目标协同、部门协同、区域协同、政策协同，不断增强各项工作的系统性、整体性、协同性。三是处理好自然恢复和人工修复的关系，要把自然恢复和人工修复有机统一起来，因地因时制宜、分区分类施策。四是处理好外部约束和内生动力的关系。一方面始终坚持用最严格制度最严密法治保护生态环境，保持常态化外部压力；另一方面要建立健全以绿色发展为导向的科学考核评价体系，完善生态保护补偿制度和生态产品价值实现机制，真正让保护者、贡献者得到实惠。五是处理好"双碳"承诺和自主行动的关系。承诺的"双碳"目标是确定不移的，但实现碳达峰碳中和必须坚持稳中求进、逐步实现，要立足国情坚持先立后破，加快规划建设新型能源体系，确保能源安全，要优化调整产业结构，大力发展绿色低碳产业。[①]

绿色低碳发展要实现"人民生活质量提升"与"环境品质向好"两者兼得。当前我国进入高质量发展阶段，也是奋力实现中国式现代化和"双碳"目标的关键时期。习近平总书记提出高质量发展是能够很好满足人民日益增长的美好生活需要的发展，是体现新发展理念的发展，是创新成为第一动力、协调成为内生特点、绿色成为普遍形态、开放成为必由之路、共享成为根本目的的发展。[②]因此，绿色低碳发展要在保障自然生态环境安全永续的基础上，坚持以人为本，提升城市建设品质，满足人民日益增长的美好生活需要。

积极稳妥推进碳达峰碳中和。习近平总书记指出，"实现碳达峰碳中和是一场广泛而深刻的经济社会系统性变革"，需要以系统观念和辩证思维统筹考虑，科学把握节奏，处理好各种关系，注重各项工作的整体性、关联性和协同性。一是处理好碳达峰碳中和与经济社会发展的关系。实现碳达峰碳中和，不是不要发展，而是为了实现更高质量的发展。"要把实现减污降碳协同增效作为促进经济社会发展全面绿色转型的总抓手，加快推动产业结构、能源结构、交通运输结构、用地结构调整"。二是处理好"双碳"目标局部与整体的关系，加强政策措施的衔接协调，确保形成合力，支持重要领域和关键环节率先突破，引导和支持差异化转型，实现点面结合、分类施策、重点突破、统筹推进。三是处理好短期与长远的关系，既要立足当下，一步一个脚印解决具体问题，积小胜为大胜；又要放眼长远，克服急功近利、急于求成的思想，把握好降碳的节奏和力度，实事求是、循序渐进、持续发力。四是处理好政府控碳与市场降碳的关系，在推进碳达峰碳中和的过程中必须更好地发挥政府的引导作用，加强激励约束，构建支撑绿色低碳发展的治理体系。充分发挥市场在资源配置中的决定性作用，推动碳排放权、用水权、排污权等市场化改革，引导各类资源、要素向绿色低碳发展聚合，实现有为政府和有效市场更好结合[③]。

1.1.2 习近平关于城市工作的重要论述

党的十八大以来，习近平总书记科学把握城市发展大势，深刻洞察城市发展规

---

① 参引自《推进生态文明建设需要处理好几个重大关系》，习近平2023年11月16日发表于《求是》杂志。
② 参引自《开创我国高质量发展新局面》，习近平2024年6月16日发表于《求是》杂志。
③ 参引自《积极稳妥推进碳达峰碳中和》，张艳国、罗斌华2024年8月15日发表于《光明日报》。

律，就城市工作作出一系列重要论述，深刻揭示了中国特色社会主义城市发展规律，明确了城市发展的价值观和方法论，科学回答了城市建设发展依靠谁、为了谁的根本问题，以及建设什么样的城市、怎样建设城市的重大命题，为做好新时代城市工作指明了前进方向、提供了根本遵循①。

在领导力量上，强调加强和改善党对城市工作的领导。习近平总书记指出，城市是我国经济、政治、文化、社会等方面活动的中心，在党和国家工作全局中具有举足轻重的地位；做好城市工作，必须加强和改善党的领导；加快培养一批懂城市、会管理的干部，用科学态度、先进理念、专业知识去规划、建设、管理城市。

在价值指向上，强调坚持人民城市人民建、人民城市为人民。习近平总书记指出，无论是城市规划还是城市建设，无论是新城区建设还是老城区改造，都要坚持以人民为中心，聚焦人民群众的需求；更好推进以人为核心的城镇化，使城市更健康、更安全、更宜居，成为人民群众高品质生活的空间。

在目标路径上，强调走中国特色城市发展道路。习近平总书记指出，要建设和谐宜居、富有活力、各具特色的现代化城市，提高新型城镇化水平，走出一条中国特色城市发展道路；打造宜居、韧性、智慧城市；探索具有中国特色、体现时代特征、彰显我国社会主义制度优势的超大城市发展之路。

在思路方法上，强调"一个尊重、五个统筹"。习近平总书记指出，要尊重城市发展规律；统筹空间、规模、产业三大结构，提高城市工作全局性；统筹规划、建设、管理三大环节，提高城市工作的系统性；统筹改革、科技、文化三大动力，提高城市发展持续性；统筹生产、生活、生态三大布局，提高城市发展的宜居性；统筹政府、社会、市民三大主体，提高各方推动城市发展的积极性。

在格局形态上，强调促进大中小城市和小城镇协调发展。习近平总书记指出，要构建科学合理的城市格局；从全国看，大中小城市和小城镇、城市群要科学布局，与区域经济发展和产业布局紧密衔接，与资源环境承载能力相适应；因地制宜推进城市空间布局形态多元化；推动城市组团式发展，形成多中心、多层级、多节点的网络型城市群结构；选择一批条件好的县城重点发展。

在底线要求上，强调把生态和安全放在更加突出的位置。习近平总书记指出，城市工作要把创造优良人居环境作为中心目标；让城市融入大自然，让居民望得见山、看得见水、记得住乡愁；要把人民生命安全和身体健康作为城市发展的基础目标；无论规划、建设还是管理，都要把安全放在第一位，把住安全关、质量关，并把

① 参引自《开创城市高质量发展新局面》，倪虹2023年10月16日发表于《求是》杂志。

安全工作落实到城市工作和城市发展各个环节各个领域。

在文化根基上，强调统筹历史文化保护、利用、传承。习近平总书记指出，城市是一个民族文化和情感记忆的载体，历史文化是城市魅力之关键；要本着对历史负责、对人民负责的精神，传承历史文脉，处理好城市改造开发和历史文化遗产保护利用的关系，切实做到在保护中发展、在发展中保护；处理好传统与现代、继承与发展的关系，让我们的城市建筑更好地体现地域特征、民族特色和时代风貌。

在治理模式上，强调推进城市治理体系和治理能力现代化。习近平总书记指出，城市治理是推进国家治理体系和治理能力现代化的重要内容；既要善于运用现代科技手段实现智能化，又要通过绣花般的细心、耐心、巧心提高精细化水平；使政府有形之手、市场无形之手、市民勤劳之手同向发力；真正实现城市共治共管、共建共享。

延庆当前须深入学习贯彻习近平生态文明思想和关于城市工作的重要论述，深刻领会蕴含其中的系统观、民生观等世界观和方法论，以更高站位、更宽视野、更大力度来统筹谋划和协调推进绿色低碳美丽城市建设。

1.2 国家和北京市有关绿色低碳发展的重大部署

1.2.1 国家有关绿色低碳发展的相关要求

党的十八届五中全会首次提出"创新、协调、绿色、开放、共享"五大发展理念，绿色发展成为我国未来长时期发展全局的一个重要理念。

党的十九大报告指出，推进绿色发展。加快建立绿色生产和消费的法律制度和政策导向，建立健全绿色低碳循环发展的经济体系；构建市场导向的绿色技术创新体系，发展绿色金融，壮大节能环保产业、清洁生产产业、清洁能源产业；推进能源生产和消费革命，构建清洁低碳、安全高效的能源体系；推进资源全面节约和循环利用，实施国家节水行动，降低能耗、物耗，实现生产系统和生活系统循环链接；倡导简约适度、绿色低碳的生活方式，反对奢侈浪费和不合理消费，开展创建节约型机关、绿色家庭、绿色学校、绿色社区和绿色出行等行动。

2020年9月22日，第七十五届联合国大会一般性辩论上，习近平主席郑重宣布："中国将提高国家自主贡献力度，采取更加有力的政策和措施，二氧化碳排放力争于2030年前达到峰值，努力争取2060年前实现碳中和。"

党的十九届五中全会提出，推动绿色发展，促进人与自然和谐共生。要求坚持绿水青山就是金山银山理念，坚持尊重自然、顺应自然、保护自然，坚持节约优先、保护优先、自然恢复为主，守住自然生态安全边界，构建生态文明体系，促进经济社会发展全面绿色转型，建设人与自然和谐共生的现代化。

2022年7月13日，住房和城乡建设部、国家发展改革委印发《城乡建设领域碳达峰实施方案》，提出从优化城市结构和布局、开展绿色低碳社区建设、全面提高绿色低碳建筑水平、建设绿色低碳住宅、提高基础设施运行效率、优化城市建设用能结构、推进绿色低碳建造七个方面建设绿色低碳城市，从提升县城绿色低碳水平、营造自然紧凑乡村格局、推进绿色低碳农房建设、推进生活垃圾污水治理低碳化、推广应用可再生能源五个方面打造绿色低碳县城和乡村。

党的二十大报告提出，我们要加快发展方式绿色转型。秉持人与自然生命共同体理念，坚持走生态优先、绿色低碳发展道路；积极稳妥推进碳达峰碳中和，立足我国能源资源禀赋，坚持先立后破，有计划分步骤实施碳达峰行动，深入推进能源革命，加强煤炭清洁高效利用，加快规划建设新型能源体系，积极参与应对气候变化全球治理。

2022年10月16日，中共中央办公厅、国务院办公厅印发《关于推动城乡建设绿色发展的意见》，在"推进城乡建设一体化发展"中，提出促进区域和城市群绿色发展、建设人与自然和谐共生的美丽城市、打造绿色生态宜居的美丽乡村三项主要任务。在"转变城乡建设发展方式"中，从建设高品质绿色建筑、提高城乡基础设施体系化水平、加强城乡历史文化保护传承、实现工程建设全过程绿色建造、推动形成绿色生活方式五个方面提出了转型升级发展的要求。在"创新工作方法"中，提出统筹城乡规划建设管理、建立城市体检评估制度、加大科技创新力度、推动城市智慧化建设、推动美好环境共建共治共享五项方法，为城乡建设绿色发展提供坚实保障。

党的二十届三中全会强调要"聚集美丽中国建设，加快经济社会发展全面绿色转型"。习近平总书记指出，"绿色发展是高质量发展的底色，新质生产力本身就是绿色生产力"。这一重大论断表明，绿色是发展新质生产力的鲜明特征、根本导向和必然结果；绿色生产力通过劳动者、劳动资料、劳动对象及其优化组合的绿色化跃升，摆脱传统生产力发展路径，打通高质量发展关键环节，对加快形成新质生产力意义重大。

2024年7月31日，《中共中央 国务院关于加快经济社会发展全面绿色转型的意见》印发，要求"加快经济社会发展全面绿色转型，形成节约资源和保护环境的空间格局、产业结构、生产方式、生活方式，全面推进美丽中国建设，加快推进人与自然和谐共生的现代化"。从构建绿色低碳高质量发展空间格局、加快产业结构绿色低碳转型、稳妥推进能源绿色低碳转型、推进交通运输绿色转型、推进城乡建设发展绿色转型、实施全面节约战略、推动消费模式绿色转型、发挥科技创新支撑作用、完善绿色转型政策体系、加强绿色转型国际合作十个方面做出部署。

1.2.2 北京市有关绿色低碳发展的相关要求

2008年奥运会后，北京市委、市政府通过研究新形势新问题，果断提出了首都的新发展建设战略，即深入实施人文北京、科技北京、绿色北京三大战略，坚定不移落实绿色发展理念。

2022年10月11日，北京市人民政府印发《北京市碳达峰实施方案》，要求深化落实城市功能定位，推动经济社会发展全面绿色转型；强化科技创新引领作用，构建绿色低碳经济体系；持续提升能源利用效率，全面推动能源绿色低碳转型；推动重点领域低碳发展，提升生态系统碳汇能力；加强改革创新，健全法规政策标准保障体系；创新区域低碳合作机制，协同合力推动碳达峰碳中和。

2022年12月23日，中共北京市委、北京市人民政府印发《关于新时代高质量推动生态涵养区生态保护和绿色发展的实施方案》，要求坚定不移持续巩固提升生态涵养品质，着力突出生态产品总值对生态涵养区高质量发展引导作用，培育壮大生态涵养区绿色发展内生动力，稳步推动基础设施和公共服务补短提质，充分激活乡村要素推动生态涵养区共同富裕，切实加强生态涵养区生态保护和绿色发展支撑保障。

2024年3月1日起，北京市开始施行《北京市建筑绿色发展条例》，新建民用建筑执行绿色建筑一星级以上标准，新建的大型公共建筑、政府性资金参与投资建设的民用建筑、城市副中心居住建筑执行绿色建筑二星级以上标准，新建的超高层建筑、首都功能核心区建筑、城市副中心公共建筑执行绿色建筑三星级标准；鼓励工业建筑按照绿色建筑一星级以上标准建设。

2024年8月1日，《中共北京市委 北京市人民政府关于全面建设美丽北京加快推进人与自然和谐共生的现代化的实施意见》提出，推动重点领域绿色低碳发展。优化能源结构，严控化石能源利用规模，加快发展新能源和可再生能源，提高能源供给低碳化和能源消费电气化水平；加快构建新型电力系统，有序扩大外调绿色电力（简称绿电）规模。加快构建现代化产业体系，完善以绿色低碳为导向的产业准入和调整退出制度，推进新增产业绿色低碳发展。

1.3 绿色城市相关理论溯源

1.3.1 西方绿色城市相关理论溯源

1）古代：人类聚居地选址和建设中朴素的生态思想

早期人类聚居地选址和建设受自然本底条件约束较大，大多位于土地肥沃、水源丰富、气流畅通的地区，体现了契合自然、因地制宜的生态思想。位于尼罗河流域的古埃及，城市、镇、庙宇建于尼罗河畔的天然或人工高地上，既防水患，也有利于解决水源和交通运输。古希腊的雅典城则坐落在滨海的高台上。

古罗马建筑师维特鲁威在《建筑十书》中总结了古罗马与古希腊关于城市规划、建筑设计基本原理、建筑材料、建筑构造等方面的经验，其中阐述了城市建设应与自然环境因素相结合的理念。如城市选址应首先考虑土地健康，选择地势较高、温度适宜、有充沛水源且便于排涝，不受雾气、浓霜、病疫、有害气流侵扰的地区。除此之外，他还研究了城市建筑布局、街道与风向、建筑朝向与阳光的关系。

2）19世纪：工业化初期对健康和景观的重视

资本主义工业化大生产的迅猛发展给城市带来诸多问题。工业严重污染城市环境，人口迅速集聚，城市无序蔓延、扩展，街道拥挤、建筑杂乱。工人住宅的过度拥挤及其通风采光的恶劣，城市基础设施的严重匮乏，给城市的公共健康带来了严峻挑战。同时，各类传染病的大范围传播，造成大量人口死亡和巨大的社会恐慌。查德威克于1842年发表的《大不列颠劳动人口卫生状况报告》将公共健康问题"更多地归因于环境问题而非医学问题"。1848年，由他主持制定的《公共卫生法》在英国国会通过，成为人类历史上第一部综合性的公共卫生法案。此后，公共卫生运动的一系列措施成为现代城市规划早期的实践。

拿破仑三世时期的巴黎改建十分重视绿化，在各区修建了大面积公园，用宽阔的香榭丽舍大道把西郊布伦森林公园和东郊维星斯公园引入市中心，建设了塞纳河沿岸滨河绿地和花园式林荫大道，形成新的绿化系统，将城市公共空间组成完整的网络，使城市面貌得到极大改观。同时，大规模建设的地下排水管道系统，改变了污水横流的状况[①]。

---

① Akoco9279.奥斯曼巴黎改造计划：巴黎如何成为全世界的浪漫花都？[EB/OL].（2017-03-11）
[2021-06-04]. http：//www.360doc.com/content/17/0311/18/40237927_635870043.shtml.

19世纪中期，美国兴起"浪漫郊区运动"和"公园运动"。前者主张"将别致的木屋、花草树木和自然景观协调地融为一体"，后者赋予城市大型公园以社会和美学价值。美国规划师奥姆斯特德1870年在《公园与城市扩建》中提出，城市要有足够的呼吸空间，要为后人考虑，要有不断更新和为全体居民服务的思想。到19世纪末，美国景观设计与建筑、工程行业联系起来，尝试通过改进城市设计来促进城市生活，这促成了城市美化运动。城市美化运动坚持将美和实用结合起来，认为美与健康同样重要，试图通过美丽的建筑和风景来保持城市魅力。美国的城市美化运动开展到20世纪上半叶，规划建设了一系列公园和林荫道系统，将乡村田园式的自然风景引入城市[①]。

这个时期在城市规划领域最有影响的著作是霍华德的《明日：真正改革的和平之路》。这本书在1898年出版，针对工业社会出现的问题，阐述了把城市和乡村结合成为一个体系的想法，并把这种城乡结合体称为田园城市。田园城市兼具高效能、高活跃度的城市生活和环境清静、景色美丽的乡村生活的优点，创造了新的理想聚居模式。在这个理论指导下，霍华德建设了莱彻沃斯和威尔温两座田园城市。

3）20世纪上半叶：生态理念在城市规划实践中的应用

20世纪初，工业化带来的城市问题仍未缓解，大城市畸形发展，人口极度集中，土地使用、道路交通、景观设计的压力仍然巨大，一批有识之士试图将生态理念融入城市规划，以此为突破口改善城乡面貌。

英国生物学家格迪斯在20世纪30年代研究城市进化和城市文化时运用了生态理念[②]。他在《进化中的城市：城市规划与城市研究导论》中把生态学原理和方法应用于城市规划建设，综合研究卫生、环境、住宅、市政工程、城镇规划等内容，强调把自然地区作为规划的基本构架，还主张城市规划范围为城市地区，纳入乡村，从而开创了区域规划的综合研究。

芬兰建筑师沙里宁1943年在他的著作《城市：它的发展、衰败和未来》中系统总结了有机疏散理论。该理论将城市视同自然界活的有机体，认为城市建设应遵循"表现的、相互协调的、有机秩序的、灵活的"原则，为城市衰退指出逐步恢复合理秩序的方法。他根据不同城市活动的强度和频率进行合理的集中和分散，使城市既满足工作和交往需求，又不脱离自然，让人们能居住在兼具城市和乡村优点的环境中。有机疏散理论在沙里宁主持的大赫尔辛基规划中得到了充分体现。

---

① 王少华. 19世纪末20世纪初美国城市美化运动[D]. 长春：东北师范大学，2008.
② 邹德慈. 发展中的城市规划[J]. 城市规划，2010，34（1）：24-28.

4）二战后：全球生态环境危机催生可持续发展思想

二战后，随着世界经济复苏和城市化的迅猛前进，产生了严重的能源和环境危机，促使人们反思原有的生存空间、生活方式和价值观念。关于资源的稀缺性和增长极限的争论、对亲近自然的生态型城乡建设模式的探索，使得可持续发展观逐步成为全球共识。

1962年，美国学者蕾切尔·卡逊在《寂静的春天》中揭示了生态环境破坏的严重后果。1969年，宾夕法尼亚大学景观规划设计和区域规划教授麦克哈格出版《设计结合自然》一书，运用生态学原理，提出适应自然的特征创造人的生存环境的可能性和必要性。他将景观视为一个生态系统，通过"叠加"将对不同要素的单独分析综合为整个景观规划的依据，开启了城乡设计的新篇章，继承和发展了景观设计的生态主义思想。

1972年，国际学术性组织罗马俱乐部发表《增长的极限》，突出强调了地球资源的有限性和开发速度的不可持续性。同年，《人类环境宣言》郑重声明只有一个地球，呼吁各国重视维护人类赖以生存的地球。1976年，联合国在第一次人类住区大会上成立了"联合国人居中心"（UNCHS），关注从城镇到乡村的人类住区发展，提出"必须为后代保存历史、宗教和考古地区以及具有特殊意义的自然区域"。1987年，世界环境与发展委员会（WCED）在《我们共同的未来》报告中提出"可持续发展"概念。1992年，联合国环境与发展大会制定并通过了《21世纪议程》和《里约宣言》两个纲领性文件和关于森林问题的原则声明，并签署了关于气候变化和生物多样性的两个公约。大会提出可持续发展战略框架，进一步推动了可持续思想的传播。可持续发展思想对传统工业化道路和现代化模式进行了批判性反思，意味着人类发展开始指向新的"生态时代"。

可持续发展思想与城市规划建设实践的结合也逐渐从假想走向成熟。1971年，联合国教科文组织（UNESCO）制定"人与生物圈计划"（MAB），第一次提出"生态城市"（eco-city）概念。1984年，苏联城市生态学家扬·诺斯基提出一种理想城的模式——"生态城"（ecopolis或ecoville），它强调自然、人文与技术三者之间的充分融合，要充分发挥和表现出人的创造力和生产力；以实现城市生态系统的良性循环发展为最终目标，使居民的身心健康和环境质量得到最大限度保护。1984年，美国生态学家理查德·雷吉斯特提出生态城市建设四项原则，1987年更新为八项原则，涉及城市社会公平、法律、技术、经济、生活方式、公众生态意识等方面，强调生态城市的内部发展应实现人与自然和谐共生。1985年，日本学者岸根卓郎出版专著《迈向21世纪的国土规划——城乡融合系统设计》，在系统分析日本前三次国土规划成败得失的基础上，运用东方特色的思维，设计了城乡融合系统。1990年第一届国际生态城市会议在伯克利召开，草拟了生态城市建设十条计划。

1996年英国学者迈克·詹克斯的著作《紧缩城市：一种可持续发展的城市形态》问世，1997年美国马里兰州州长格兰邓宁提出"精明增长"概念，表达了在资源紧缺环境下控制城市蔓延的思想。

随着可持续发展思想逐渐被越来越多国家认可，规划建设领域也在积极寻求人口、经济、资源和生态环境相协调的发展道路。

进入21世纪，探求绿色生态的人类聚居理想模式的实践更加丰富多彩。以绿色生态城市为例，有：①综合性绿色生态城市，如美国波特兰市、伯克利市，德国弗莱堡市、埃朗根市等；②生态技术集中示范区，如阿拉伯联合酋长国的马斯达尔城等；③生态社区，如瑞典斯德哥尔摩市的哈马碧社区、丹麦Beder镇的太阳风社区、西班牙的巴利阿里群岛ParcBIT社区、英国伦敦的贝丁顿零碳社区等；④其他如绿色交通、绿色能源、绿色建筑、社会人文、环境保护与治理、废弃物处理、水资源管理和智慧基础设施建设等特定领域的实践。

1.3.2 中国绿色城市相关理论溯源

1）古代："体国经野""天人合一"的朴素生态思想

中国古代的营城理念，体现为贯穿典著和实践中的"体国经野""因天材、就地利""象天法地""天人合一"等思想。

《周礼·天官》中提到"惟王建国，辨方正位，体国经野，设官分职，以为民极"。其中的"体国"指安排城郭的档次和大小，"经野"指开发处理好城乡关系。这说明古人在实践中认识到城市不能孤立存在，必须和周围区域统一规划建设。《商君书·徕民篇》中提到"地方百里者，山陵处什一，薮泽处什一，溪谷流水处什一，都邑蹊道处什一，恶田处什二，良田处什四，以此食作夫五万，其山陵、薮泽、溪谷可以给其材，都邑蹊道足以处其民，先王制土分民之律也"，反映出的城乡布局结构的思想，是通过分析农田、水源、物资、交通等的承载力，通过一定的定额比例，确定城市规模①。

战国时期，管子提出了一整套全面经营城市的思想，包括因地制宜、顺应自然的城市选址与规划布局内容。《管子·仲马》曰："凡立国都，非于大山之下，必于广川之上，高毋近旱而水用足，下毋近水而沟防省，因天材，就地利，故城郭不必中规

① 周干峙. 中国城市传统理念初析[J]. 城市规划，1997(6)：4-5.

矩，道路不必中准绳。"《管子·度地》云："内之为城，城外为之郭。""夫水之性，以高走下则疾，至于石；而下向高，即留而不行，故高其上。领瓴之，尺有十分之三，里满四十九者，水可走也。乃迁其道而远之，以势行之。"齐都临淄城体现了管子的营国思想。其选址于地势偏高处，分大城、小城，自然水系、城中水渠、地下水道组成完整的排水系统[①]。苏州城也体现了管子思想。它顺应地势进行改造和利用，打造了便利的水上交通、通畅的防洪排涝系统和水网密布的城市景观。

吴国大夫伍子胥"相土尝水，象天法地"的规划理念，体现了古代哲学认为天、地、人为一个宇宙大系统，追求"三才合一"、宇宙万物和谐统一的思想，远在《易经》就有反映。如《易·系辞》中有以下语句："在天成象，在地成形。""天生神物，圣人则之。天地变化，圣人效之。天垂象，见吉凶，圣人象之。""仰观象于天，俯则观法于地。""与天地相似，故不违。"……它以天地为规划模式，赋予城市（尤其是都城）布局以丰富的象征意义，对后世城市规划思想产生了深远影响。[②]

从秦开始，我国就有基于"象天法地"思想对城乡"天地"进行安排的实证。秦朝以咸阳为中心，重新命名名山大川体系，封十二座名山、六条大川，构成了都城被岳渎环绕的空间秩序。帝都格局也以天为范，用"象天"的手法布局。"因北陵营殿，端门四达，以则紫宫，象帝居。渭水贯都以象天汉，横桥南渡以法牵牛……为复道，自阿房渡渭，属之咸阳，以象天极阁道绝汉抵营室也。"从文献著述可知，以宫城为中心，秦人以雄大的气魄营造人间"天上"，在一个大尺度的范围内安排都城各种功能，把山、河、池、城、宫、庙等共同构成一个自由分散的巨型帝都，充分诠释了以天地为象征的"地区设计"概念[③]。在"象天法地"的影响下，中国出现了以重要宫殿标识岁星、日起始方位的西汉长安城，比附天罡地煞建设街坊的唐长安城，将城市山水景致比作天河云汉和蓬莱仙山的元大都等丰富多彩的城市形制[④~⑥]。

"天人合一""崇尚自然"的东方智慧，也创造了带有东方特色的处理城市庄严礼仪空间与活泼娱乐空间、人工建成环境与自然生态园野环境的手法，即"礼序乐和、城园交融"。城市建设注重与自然结合，把自然环境要素作为城市环境景观的重要组成部分，注重城市水系和水利建设，借助自然或人工山水大建林苑，使得园林与建

① 苏畅，周玄星.《管子》营国思想于齐都临淄之体现[J].华南理工大学学报（社会科学版），2005（1）：47-52.

② 龙彬.伍子胥及其城市规划思想实践[J].重庆建筑大学学报（社科版），2000（1）：106-108，62.

③ 吴良镛.中国人居史[M].北京：中国建筑工业出版社，2014.

④ 徐斌.秦咸阳—汉长安象天法地规划思想与方法研究[D].北京：清华大学，2014.

⑤ 崔凯，孟欣.大唐长安：象天法地 奢华精巧[N].中国文化报，2019-07-14（006）.

⑥ 于希贤.《周易》象数与元大都规划布局[J].故宫博物院院刊，1999（2）：17-25.

筑、城市有机结合，自然环境与城市相得益彰，体现了注重自然生态的审美观。例如，金陵城依山傍水，城中有玄武湖，城东有钟山风景区，城南有秦淮风光带，城西有清凉山和莫愁湖，城在园中，环境宜人。明清北京城严谨的中轴线与流动的湖河水系，使得庄严轴线与自然美景相得益彰。

原住房和城乡建设部副部长仇保兴也曾谈道："在中国传统文化中充满着敬天、顺天、法天和同天的原始生态意识"，"原始生态文明理念为低碳生态城市建设奠定了良好的基础"。[①]

2）近代至新中国成立初期：西方现代规划理论输入和影响

从1840年开始，中国在西方殖民扩张中逐步沦为半殖民地半封建社会。伴随学习欧美先进技术与科学方法的社会潮流，西方城市建设理念和制度也随之传入；中国城市传统生态智慧遭遇近代西方城市发展思想和制度的冲击，在传承和革新中演化。

在城市卫生与环境美化方面，田园城市理论是民国时期最受瞩目的城市规划理论，在我国近代城市规划实践中，常与分区制并用，以控制城市卫生，美化城市环境。南京、广州、武汉、上海、天津等地的城市规划和住宅区规划中，普遍配置了数量可观的公园、林荫道、花园。此外，法国几何式城市规划、德国城市美化理论、美国城市公园运动等思想在出版物中多有提及，一些城市尝试将其精髓与田园城市理论等结合起来，在城市规划实践中以放射性林荫路、公园、绿地等形态体现，促成了近代中国城市在环境美化方面的进步[②]。

另外，伴随着城市的自发延续和国人自强，传统人居思想在近代城市建设中也在传承和转型，表现出强韧的生命力。例如，福州在近代城市转型中出现了大量的西方建筑元素，但在宏观层面上却始终是中国传统元素占据主体地位，大量建设活动都秉承了因地制宜的建城思想和物我一体的山水自然观。在受西方思想影响较弱的地区，传统人居思想表现就更为明显。例如武汉大学、中山大学（广州五山）、燕京大学等校园就借鉴了传统书院模式，体现了我国传统建筑群建筑和园林的审美情趣。庐山等一些近代避暑地（风景区）虽然出自外国规划师之手，也在一定程度上借鉴了我国古典园林或山地城市对自然山水的处理手法[③]。

新中国成立初期，我国城市规划工作的科学理论与人才欠缺，在"一边倒"的政治和外交政策下，全面引入苏联城市规划建设的理论和观念，开始了最早一批以八大重点城市为代表的城市建设。由于以工业化为主题，绿色城市建设主要体现在城市绿

① 中国城市科学研究会.中国低碳生态城市发展报告2015[M].北京：中国建筑工业出版社，2015.

② 姜省，刘源.从民国出版物看近代城市规划思想在中国的传播与影响[J].南方建筑，2014（6）：12-15.

③ 胡江伟.中国近代城市规划中的传统思想研究[D].武汉：武汉理工大学，2010.

地系统布局上，且带有鲜明的受西方影响的苏联社会主义城市建设的经验特征。根据当年西安市的规划工作记录，苏联专家阐述绿地布局时谈道："布置绿地的原则是如何使市民能方便地享受到公园，街心花园主要是美化街道，方便行人停下休息，没有一定的依据。"[①] 这一时期大致持续到1957年，是我国工业化建设推动下的城镇化较快发展时期。1958—1977年，新中国的城乡发展在大起大落后陷入了长期停滞[②]。

3）20世纪70—90年代：与国际前沿生态理论思潮接轨

1972年，中国加入"人与生物圈计划"。20世纪80年代，中国生态学、地理学及城市规划等领域学者迅速跟进国际生态城市领域研究，开始了相关学术理论探讨。

1994年5月，中国政府发布了《中国21世纪议程——中国21世纪人口、环境与发展白皮书》，提出了中国人口、经济、社会、资源与环境相协调、可持续发展的总体战略、对策和行动方案。中国将此作为各级政府制定国民经济和社会发展长期计划的指导性文件，使得可持续发展观在中国逐步建立普及。

20世纪80年代，我国学术界出现若干有关城乡绿色发展的代表性"绿色"思想。1984年，钱学森在致《新建筑》编辑部的信中提出"构建园林城市"设想，1990年，又明确指出"城市规划立意要尊重生态环境，追求山环水绕的境界"[③]。1984年，马世骏、王如松等中国生态学家在总结了以整体、协调、循环、自生为核心的生态控制原理的基础上，提出了社会—经济—自然复合生态系统理论和"时"（届际、代际、世际）、"空"（地域、流域、区域）、"量"（各种物质、能量代谢过程）、"构"（产业、体制、景观）、"序"（竞争、共生与自生序）的生态关联及调控方法，指出可持续发展问题的实质是以人为主体的生命与其栖息劳作环境、物质生产环境及社会文化环境间的协调发展[④]。1989年，黄光宇提出了"生态城市"概念与衡量标准。

20世纪80年代，环境综合治理从我国大中城市逐渐扩展到小城市和村镇，其中很多城市还开始向城乡生态建设阶段发展。例如，1986年江西省宜春市提出建设生态市的发展目标并成为最早的生态市试点。20世纪90年代，若干国家部委开始引导各地从事城乡绿色实践。例如，1992年，建设部启动园林城市评比，至1999年在全国评出五批共20个国家园林城市。《国家园林城市标准》对不同地区和规模的城市人均公共绿地、绿地覆盖率等指标提出了具体要求。1995年，环境保护部启动了生

---

① 李浩，胡文娜.苏联专家对新中国城市规划工作的帮助——以西安市首轮总规的专家谈话记录为解析对象[J].城市规划，2015，39（7）：70-76.

② 李浩，王婷琳.新中国城镇化发展的历史分期问题研究[J].城市规划学刊，2012（6）：4-13.

③ 鲍世行.钱学森论山水城市[M].北京：中国建筑工业出版社，2010.

④ 马世骏，王如松.社会—经济—自然复合生态系统[J].生态学报，1984（4）：1-8.

态示范区建设。

4）21世纪初：中国特色绿色城乡发展理论和实践的初步探索

进入21世纪，生态、低碳、环保、循环等具有绿色内涵的词汇频繁出现在城乡规划建设领域，相关理念和实践更为活跃和丰富。

2001年，吴良镛《人居环境科学导论》出版，系统阐述了人与环境之间的相互关系。2002年，第五届国际生态城市大会在深圳市召开，会议发布《关于生态城市建设的深圳宣言》，提出生态城市建设包括生态安全、生态卫生、生态产业代谢、生态景观整合和生态意识培养五个层面，并提出推动城市生态建设的九个行动，对国内外生态城市建设具有重要影响。2009年，仇保兴把生态城市与低碳经济这两个关联度高、交叉性强的发展理念复合起来，首次提出"低碳生态城市"的概念，即以低能耗、低污染、低排放为标志的节能环保型城市，是一种强调生态环境综合平衡的全新城市发展模式，是建立在人类对人与自然关系深刻认识基础上，以降低温室气体排放为主要目的而建立起的高效、和谐、健康、可持续发展的人类聚居环境。

为了应对日益紧迫的资源环境问题，党的十六大提出"全面协调可持续"的科学发展观，加大了"绿色"在国民经济社会发展中的权重；党的十八大确立了经济、政治、文化、社会、生态建设"五位一体"总体布局的思想；党的十八届五中全会将绿色发展作为"十三五"乃至更长时期经济社会发展的重要理念。

中央直属部委采用"试点"模式推动具有绿色城市内涵的实践。据不完全统计，2000年以来中央各部委发布绿色试点类型20多种，极大丰富了我国城乡建设的绿色类型。2016年，"绿色"被纳入新时期建筑方针 [①]。截至2016年12月，全国已有近300个城市把生态、低碳城市作为城市建设的重要目标。

5）新时代：在"生命共同体"理念下继往开来

2017年，党的十九大提出中国发展新的历史方位——中国特色社会主义进入了新时代。"建设生态文明、推进绿色发展"成为"新时代坚持和发展中国特色社会主义的基本方略"之一，生态文明建设思想成为习近平新时代中国特色社会主义思想的重要组成部分，并提出了生态文明的中国方案。

习近平生态文明思想体现在有关自然山水、环境、人与自然关系、生态保护与发展的关系、尊重城镇化规律、维护全球生态安全等的一系列论述中，其中极具特色和代表性的是"两山"理论和"生命共同体"理念。

---

① 2016年，《中共中央 国务院关于进一步加强城市规划建设管理工作的若干意见》中提出新时期的建筑八字方针是"适用、经济、绿色、美观"。

"两山"即"绿水青山"和"金山银山"，前者指的是优质的生态环境及与其关联的生态产品，后者代表经济收入及与其关联的民生福祉，两者本质上指向环境保护与经济发展的关系①。它含有"既要绿水青山，也要金山银山"，"宁要绿水青山，不要金山银山"，"绿水青山就是金山银山"三重累进内涵，辩证阐明了"经济强、百姓富"与"生态优、环境好"的对立统一关系，使得发展和保护摆脱"非此即彼"的"两难"悖论，统一成实现共同目标的路径。

"生命共同体"理念深刻阐明了万物共生共荣的自然规律。"人的命脉在田，田的命脉在水，水的命脉在山，山的命脉在土，土的命脉在树……"在自然界，任何生物群落都不是孤立存在的，它们通过能量和物质的交换与其生存环境不可分割地相互联系、作用，共同形成统一的整体。不同自然要素之间互为依存又互相激发活力，相互作用达到一个相对稳定的平衡状态。人类必须尊重自然、顺应自然、保护自然，将自然当作一个复杂、有机的生态系统来看待。"万物并育而不相害"，人类可以有目的地利用自然、改造自然，但是应该放下征服者姿态，顺应自然界各要素间的相互作用规律，与自然和谐共生。

习近平生态文明思想成为新时代指导国家建设的基本方针。2016年，习近平在于重庆召开的推动长江经济带发展座谈会上，提出当前和今后相当长一个时期，要把修复长江生态环境摆在压倒性位置，共抓大保护，不搞大开发。2018年2月，在习近平总书记成都视察后，"公园城市"成为热点。2018年以来不断完善的国土空间规划体系突出强化生态空间地位，生态保护红线与永久基本农田共同成为城镇开发建设的高压边界。在"生态优先，绿色发展"思想的指导下，城乡绿色发展已经成为全国上下的基本共识，相关理论和实践活动也进一步活跃，并将持续保持繁荣。2020年9月，中国向世界宣示，"二氧化碳排放力争于2030年前达到峰值，努力争取2060年前实现碳中和"，中国生态文明建设进入以"降碳"为重点战略方向的新阶段。2023年，习近平总书记在全国生态环境保护大会上明确提出"四个重大转变"和"五个重大关系"，它们与"十个坚持"共同构成一个相互联系、有机统一的整体。

---

① 潘家华，等. 生态文明建设的理论构建与实践探索[M]. 北京：中国社会科学出版社，2019.

第2章

绿色发展底色

北京市延庆区生态本底优势突出，拥有"七山一水两分田"的生态本底，形成了"一城山水半城园"的城园格局，是北京市生物多样性最丰富的生态涵养区。可再生能源禀赋全市领先，日照数全年可达2800小时，中深层地热资源热储量全市领先，地热应用前景广阔。绿色发展动能初步显现，全区获评国家体育产业示范基地、北京延庆能源互联网综合示范区，获批中国民航局民用无人驾驶航空示范区。延庆区，2019年成功举办北京世界园艺博览会（简称世园会）；2022年成为第24届冬季奥林匹克运动会（简称冬奥会）和第13届冬季残疾人奥林匹克运动会（简称冬残奥会）三大赛区之一，助力此次冬奥会成为首个实现碳中和的冬奥会。

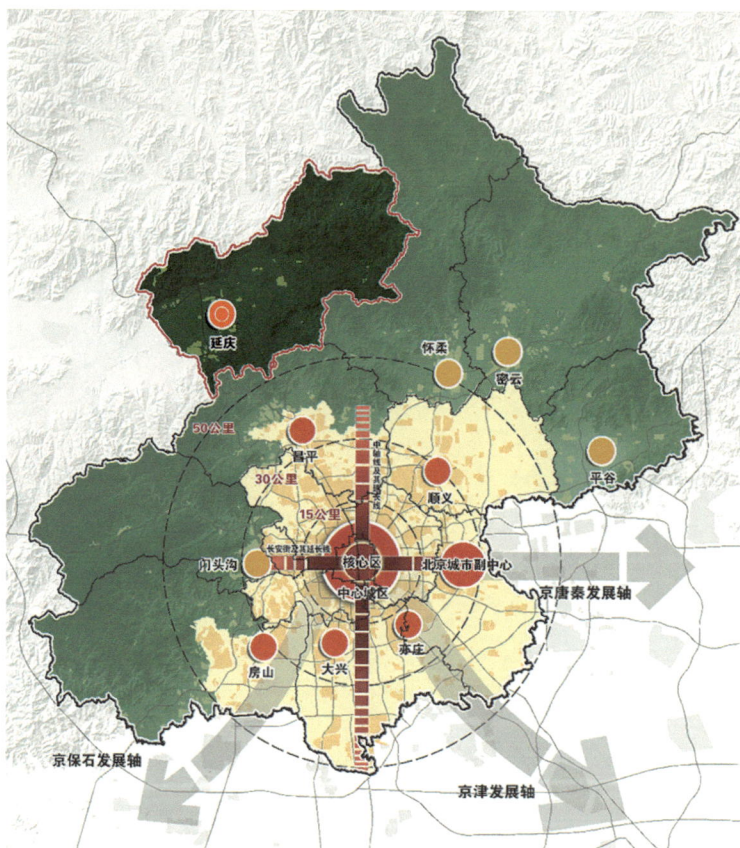

图 2-1　延庆区区位

来源：《延庆分区规划（国土空间规划）（2017年—2035年）》公示图

2.1 延庆实践

延庆人民从骨子里就具有保护生态的基因，延庆区对生态文明的极致追求和向往，使得延庆区成为展示首都乃至中国生态文明的重要窗口。人不负青山，青山定不负人，几十年来对生态文明的执着与坚守换来了丰硕的成果。全区森林面积由最早统计的19万亩（1亩≈666.67m²）提高到现在的185万亩，森林覆盖率由新中国成立前的不足7%增长到现在的61.8%，林木绿化率由1978年的20%增加到现在的72.98%。近年来，延庆区获得国家首批生态文明建设示范区、国家森林城市、全国水生态文明城市、全国第二批"两山"理论实践创新基地、国家全域旅游示范区等一批殊荣，生态环境质量指数连续四年优等级，公众生态环境满意度连续五年全市第一，首都环境建设管理考评连续七年全市第一。以生态为坐标，延庆的发展历史大致可以概括为三个阶段。

2.1.1 生态保护建设阶段

1914年的"闹松山"是延庆有据可查的第一场生态家园保卫战。新中国成立后，延庆区推进林业事业，兴建水利工程，先后建设了官厅水库、佛峪口水库、古城水库、白河堡水库等水利设施，培育凝聚了"南荒滩精神"和"白河精神"，保护生态的思想更加坚定、行动更加坚决。

"闹松山"[①]

1914年，延庆县第一任县知事李金刚与绅商勾结成立火柴公司，妄图砍伐素有"镇海松"之称的松山林木牟利，引起延庆人民的强烈反对。下营村村民袁湛恩和马庄村村民王珍为保卫家园，阻拦李金刚盗卖松山林木而被捕入狱。延庆城西48个村子的数千村民涌进县城，包围县衙，要求释放袁、王二人，并让李保证不再砍伐松山林木。迫于民众压力，李金刚只好贴出布告，"闹松山"取得了胜利。

荒山染绿战

借助南荒滩治理工程，创造"荒滩变绿洲"的生态传奇。从群众造林到补助性造林，再从工程性造林到百万亩平原造林，延庆的城乡绿化建设整体推进。

---

① 北京市延庆区档案史志馆.中国共产党北京市延庆历史（1922—2015）[M].北京：中共党史出版社，2021.

> **水利设施**
>
> （1）官厅水库。为消除永定河洪水隐患，为首都提供干净放心的清洁水源，官厅水库从1951年起开始修建。由4万多人组成的建设大军战天斗地，仅用两年半的时间就完成了这一艰巨的任务。官厅水库建成后，毛主席亲临现场视察，并题字："庆祝官厅水库工程胜利完成"。这是新中国成立后所修建的第一座大型水库，也是首都重要的战略储备水源地。
>
> （2）古城水库。1973年10月动工，1981年12月竣工。1984年，古城水库改称龙庆峡，对外开放。

2.1.2 生态文明发展阶段

改革开放初期，延庆的生态保护和建设取得了一定的成效，但全县改革开放的步子不大，"远、冷、风、沙、穷"依然是当时延庆留给外界的基本印象，全县仍处于较为封闭的状态。为打破延庆的封闭状态，消除干部群众自卑心理，推动思想解放，加快改革开放步伐，1985年，延庆县委、县政府在全县范围内组织开展"三个重新认识"大讨论[①]，使延庆人民充分认识到自身的优势和劣势，认识到外界的发展变化，也让外界重新认识了延庆，认识到延庆发展潜在的巨大能量，同时总结概括出了"开拓进取、拼搏向上、不甘落后、艰苦奋斗"的延庆精神。1986年，延庆因地制宜提出"冷凉战略"，把旅游业和农业作为突破口，初步形成了以生态促发展的战略思想。1996年，延庆进一步调整发展思路，提出"三动战略"[②]，发展农、工、商、旅、建五大产业，努力建设优质农副产品基地和优美旅游度假胜地。"三动战略"是"冷凉战略"的扩展与升级，标志着延庆以生态促发展的思路更加清晰。2005年，延庆被确定为"首都生态涵养发展区"。延庆"十一五"规划建议中，首次提出"生态文明战略"的概念。2006年，县第十二次党代会进一步把"全面实施生态文明战略"确定为经济社会发展的战略指导思想。2010年，提出要探索绿色发展之路，建设"绿色北京示范区"。至此，延庆的功能定位基本明确。2015年，延庆撤县设区，并自此连年开始进行生态产品价值（GEP）核算，是北京市首个开展GEP核算的

---

① "三个重新认识"大讨论：让延庆人民重新认识自己，让延庆人民重新认识外界，让外界重新认识延庆。
② 指旅游牵动、城镇带动、科教推动。

区，并率先将 GEP 核算至乡镇级，摸清了全区生态系统价值家底，为绿水青山打上了"价值标签"。2019年，延庆成为北京世园会举办地，以"生态优先，师法自然"为规划理念高标准建成世园会园区。习近平总书记出席北京世园会开幕式并在讲话中强调，"我希望，这片园区所阐释的绿色发展理念能传导至世界各个角落。"2022年，延庆成为北京冬奥会和冬残奥会三大赛区之一，将低碳理念融入筹办全过程，通过建设绿色场馆、搭建绿电交易平台，以及实行相关碳减排、碳补偿等措施，助力北京冬奥会成为首个实现"碳中和"的冬奥会。四十年来，延庆大力推进山水林田湖草沙系统治理、科学治理，持续巩固和扩大生态优势，为推动生态优势向发展优势转变奠定了坚实基础，以实际行动诠释了"用生态赢得主动、用生态赢得优势、用生态赢得未来"。

2.1.3 高质量绿色发展阶段

党的二十大之后，延庆进入了高质量绿色发展的新阶段，延庆区将一如既往、坚定不移地走生态文明发展道路，运用好、传承好世园与冬奥"两件大事"留下的丰厚物质遗产和精神财富[①]，依托优质资源禀赋，加快构建高质量发展新格局，坚持一张蓝图绘到底，不断探索"绿水青山转化为金山银山"的有效路径，为推动美丽中国建设贡献延庆经验、延庆智慧、延庆方案。

通过多年规划建设，延庆区已形成由世园会园区、冬奥会延庆赛区、休闲度假商务区（RBD）组成的一系列绿色低碳美丽城市建设名片，不断吸引各地游客前来游览和参观。

> **延庆世园会园区建设**
>
> 世园会园区总面积约 $5.03km^2$，于 2018 年获评"北京市绿色生态示范区"称号，大型公共建筑全部获得绿色建筑三星级标识。世园会是向世界展示我国生态文明建设成果、促进绿色产业国际交流与合作的一个重要舞台，是弘扬绿色发展理念、推动经济发展方式和居民生活方式转变的一个重要契机，也是建设美丽中国的一次生动实践。

[①] 习近平总书记在 2019 年北京世园会开幕式上提出了"五个追求"——追求人与自然和谐、追求绿色发展繁荣、追求热爱自然情怀、追求科学治理精神、追求携手合作应对，并在 2022 年北京冬奥会、冬残奥会总结表彰大会上指出北京冬奥精神——胸怀大局、自信开放、迎难而上、追求卓越、共创未来。

园区以"生态优先，师法自然"为规划理念，充分尊重现有生态及景观环境，充分利用现状山水林田肌理，保护提升现有生态系统，使森林、水系、湿地三大系统和谐共生，合理布局、优化空间、满足功能、节约成本。

营建多样生境空间，持续提升生物多样性功能。自然湿地净损失率实现0%目标，地表水环境质量不低于Ⅲ类水体水质要求，非传统水源利用率达到70%。

坚持"传承文化，开放包容"理念，继承传统优秀文化，充分展示中国近三千年园林艺术、园艺文化，弘扬时代精神，创新性地向世界展现中国神韵、中国风格、中国气派。在园区中部西侧打造一条具有东方神韵的山水园艺轴，东侧搭建融合绽放的世界园艺舞台，使现代园艺与丰富多彩的世界文化在这里完美结合。

坚持"科技智慧，时尚多元"，运用新品种、新工艺、新技术，将园艺与科技融合；在新一代物联网、大规模设备协同控制等技术的基础上，以海量数据为核心，提供全面的智慧手段，保障世园会的管理、服务与运营。

更强调"创新办会，永续利用"，推动园区绿色产业发展，充分利用市场机制搭建区域旅游发展框架。会后园区用以发展旅游业、园艺花卉产业、养老休闲度假产业，助推京津冀绿色产业发展。结合周边特色旅游资源发展，将园区打造成为区域性大型生态公园、园艺产业的综合发展区、京北区域旅游体系的重要组成部分，构建完整的旅游服务体系和延庆春、夏、秋、冬"四季旅游"框架。

2019年4月习近平总书记出席北京世园会开幕式，在讲话中强调，"我希望，这片园区所阐释的绿色发展理念能传导至世界各个角落。"

图2-2 北京延庆世园会园区1

图 2-3 北京延庆世园会园区 2

冬奥会延庆赛区建设

延庆赛区共计占地面积16km²于2023年获评"北京市绿色生态示范区"称号。延庆赛区作为北京2022年冬奥会和冬残奥会三大赛区之一，包含两个竞赛场馆（国家高山滑雪中心、国家雪车雪橇中心）和两个非竞赛场馆（延庆冬奥村、山地新闻中心），以及大量配套基础设施，是最具挑战性的冬奥赛区。园区总体规划设计围绕"山林场馆，生态冬奥"，亦即"山林掩映中的场馆群+绿色生态可持续冬奥"的理念展开，最大限度减少工程建设对既有自然环境的扰动，使建筑景观与自然有机结合，在满足精彩奥运赛事要求的基础上，建设一个融于自然山林中的绿色冬奥赛区，同时注重奥运遗产的长期良性利用和运营。

延庆将低碳理念融入筹办全过程，通过建设绿色场馆、搭建绿电交易平台，以及实行相关碳减排、碳补偿等措施，助力北京冬奥会成为首个实现"碳中和"的冬奥会。搭建绿电交易平台，采用市场化直购绿电方式，让所有场馆及设施全部实现可再生能源供应。健全低碳管理机制，将低碳理念融入筹办全过程，通过碳减排、碳补偿等措施，实现碳中和目标。精心保护赛区植物，实施表土剥离和亚高山草甸修复工程。避护结合保护野生动物，建设动物通道，减少夜间施工，开展野生动物活动监测，最大化减少对动物栖息地的影响。建设绿色场馆，新建场馆全部通过绿色建筑标准三星级认证。建成延庆冬奥村/冬残奥村D6组团超低能耗示范建筑，最大程度降低建筑供暖制冷需求，并充分利用可再生能源，实现建筑节能降耗。

图 2-4　冬奥会延庆赛区

延庆RBD建设

RBD园区总用地面积约18.8km²，于2023年获评"北京市绿色生态试点区"称号。随着世园和冬奥两大盛会的成功举办，延庆迎来前所未有的跨越式发展机遇。在延庆新城南部妫水河畔，延庆提出了休闲度假商务区建设构想，打造支撑延庆全域发展的产业服务核、要素集散地和城市会客厅，着力发展体育休闲、旅游和特色科技产业，塑造宜居宜业宜游的城市功能区，使其成为延庆未来转型发展的重要增长极和京张体育文化旅游带上的重要节点。2023年7月园区方案在京张体育文化旅游带大会上正式对外发布。RBD园区以2018年获得"北京市绿色生态示范区"殊荣的世园会园区及横贯延庆新城东西的妫水河和万亩森林公园为生态本底，以中关村延庆园延庆片区、延庆高铁站、新华家园养老住区及首都体育学院新校区等为核心的城南战略发展高地为载体。

此前延庆历时近半个世纪坚定不移地开展绿色发展探索，延庆新城已初步形成"一城山水半城园"的山水城市风貌。RBD方案为区域重点项目提供了良好的建设和城市形象塑造指引。首都体育学院新校区、山澜阙府等重点项目的落地，形成了环境优美、建筑绿色节能的优质空间环境，促进了广联达、中铁集团等重点企业积极谋划入驻园区的合作意向，地区发展规划引领作用突显。用地布局方面补足公服短板、促进功能融合、巧用存量用地；绿色交通方面与中铁集团谋划RBD核心区轨道微中心建设；生态环境方面发挥生态优势，结合世园公园连接现状13个公园，实现了居民出行"300米见绿、500米进园"的目标，公园绿地500m服务半径覆盖率达到100%，园区内蓝绿空间占比高达55%。

图 2-5　延庆 RBD 规划鸟瞰图

2.2 延庆优势

2.2.1 生态本底优势

延庆区拥有"七山一水两分田"的生态本底，山青水净，天朗气清，是北京市生物多样性最丰富的生态涵养区。2022年全区绿化覆盖面积1545.84hm²、绿化覆盖率53.62%。延庆区位于密云水库上游，全域为水源保护地，境内有四级以上河流46条，有官厅水库、白河堡水库等5座水库。年平均气温8℃，素有北京"夏都"之称。$PM_{2.5}$等6项大气污染物浓度连续4年达到国家二级标准。2020年延庆区被授予"中国天然氧吧"称号，适游期负氧离子浓度达到2926个/cm³，远超出世界卫生组织界定的清新空气标准。延庆区有自然保护区10个，其中国家级1个、市级2个，批复面积55168.56hm²，占全区国土总面积的27.65%，高于全国、世界平均水平。全区形成了"一城山水半城园"的城园格局，构建了"一核、一环、三带、五廊、十园、多点"的森林空间结构，形成了青山环绕、森林拥抱、林城相依、林水相融、林园相映、林路相连、林居相嵌的城市森林生态系统。2022年城市道路绿化率和水岸绿化率均达到100%，人均公园绿地面积45.78m²，在北京市率先实现公园绿地500m服务半径全覆盖。

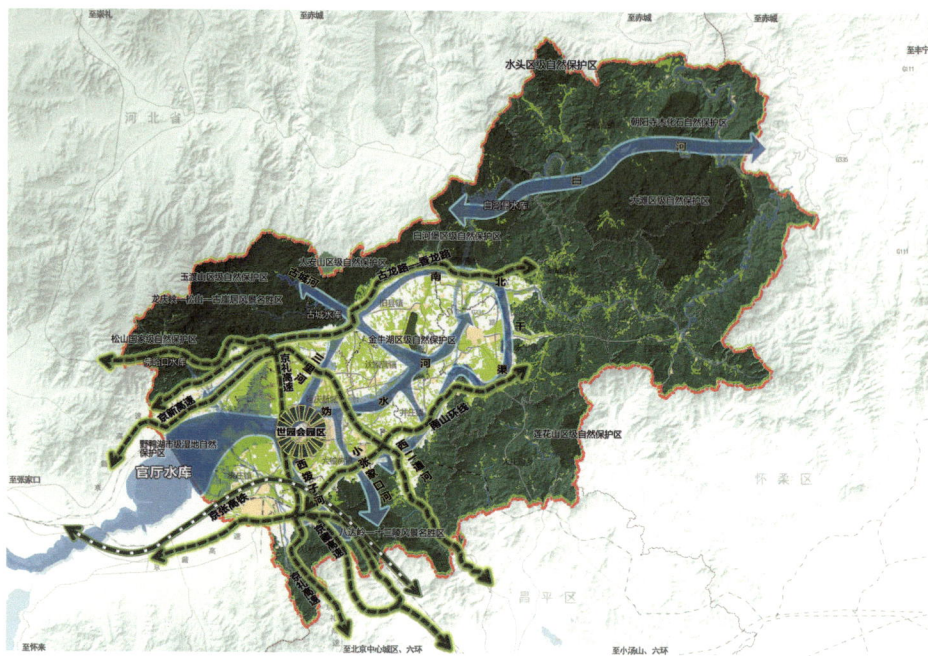

图 2-6　延庆区绿色空间结构

来源：《延庆分区规划（国土空间规划）（2017 年—2035 年）》公示图

2.2.2 可再生资源禀赋

延庆区平均海拔 500m 以上，日照充足，日照数全年可达 2800 小时，水平面总辐照量为 1648kW·h/m²，固定式发电最佳斜面总辐照量为 1957kW·h/m²，太阳能发电条件良好。康庄地区常年受来自蒙古冷空气的影响，适宜架设风力发电设施，风能资源占北京市的 70%。全区浅层地热资源主要分布在山前延庆盆地及河谷两岸，开发利用浅层地热资源可满足延庆新城及冬奥场馆周边区域夏季制冷面积 23.33 万 m²，冬季供暖面积 13.82 万 m²。全区中深层地热资源主要分布在平原区，面积约 121.88km²（远期可能扩展至 178.58km²），地热田位于地面以下 3500m 深度范围内，地热资源热储存量为 21.326×10^{18} J，折合标准煤 12.13 亿 t，地热应用前景广阔。

2.2.3 绿色发展新动能

经济规模质量显著提升，全区 GDP 由"十二五"末的 127.4 亿元增长至"十三五"末的 200.7 亿元，增幅 57.5%。单位地区生产总值（GDP）能耗累计下降 25%，单位GDP水耗累计下降34.2%。创新资源要素加快集聚，明确现代园艺、冰雪体育、新能源和能源互联网、无人机四大重点培育科创产业，设立科技创新基金，出台"1+4+4"政策。四大特色产业已聚集企业超过1200家，中关村延庆园聚集高新技术企业307家，全区获评国家体育产业示范基地、北京延庆能源互联网综合示范区，获批中国民航局民用无人驾驶航空示范区。生态旅游产业发展持续推进，"十三五"旅游收入累计达到323亿元，较"十二五"增长30.3%，成功创建国家全域旅游示范区。农业发展质量持续提升，创立发布北京市首个农产品区域公用品牌"妫水农耕"，打造有机杂粮、精品蔬菜、花卉园艺、优质果品、精品畜牧五大特色产品体系。"菜篮子"产品无公害、绿色、有机"三品"认证率达到84.8%，较"十二五"末提高44个百分点，"国家农产品质量安全县"创建考核为北京市第一。

2.3 面临挑战

2.3.1 高质量发展和碳减排有待协同推进

一方面，目前延庆区GDP总量较低，人均GDP未达到全国平均水平，"1+4+1"产业发展薄弱，固定投资压力较大，亟须培育经济增长的新引擎、发展新质生产力。另一方面，经济增长与生活质量的不断改善势必带动能源消耗增长。延庆碳排放总量低，且居民生活源为主要排放源，占全区二氧化碳排放的比重过半，减排空间小。如何落实从"能耗双控"逐步转向"碳排放双控"，对延庆区生态文明建设提出了更高的要求。

2.3.2 绿水青山转化为金山银山的路径不够有力

延庆当前正处于不断拓宽"两山"转化路径的过程中。一方面，虽然通过开展GEP核算明确了绿水青山的价值量，但GEP应用场景仍有待丰富，尤其是调节服务类生态产品价值（GEP-R）的转化场景亟待塑造。另一方面，当前绿水青山的保护修复资金主要依赖于政府财政资金，环境权益的交易和质押融资业务较少，仍以政府购买、转移支付为主要路径，市场参与度不高，绿色金融体系尚未建立，导致GEP总量增长空间和增长速率受限，亟须拓宽融资渠道，以金融活水持续滋养绿水青山。

2.3.3 多领域的绿色示范有待先行

一方面，延庆区取得的既有成绩亟须巩固提升，包括PM$_{2.5}$如何持续降低、水质如何保持全市一流、GEP如何持续增长、世园会和冬奥遗产如何可持续利用等。另一方面，北京市提出的新要求亟须落实，包括"百村示范、千村振兴"工程、"花园城市"建设等。这都需要延庆加快建设一批标杆项目，以示范引领带动全域提升。

第3章

绿色低碳美丽城市

"绿水青山就是金山银山"，在全球积极应对气候变化的大背景下，绿色发展已成为时代的必然选择。一座城市若想实现可持续发展，就必须在建设与发展的各个环节融入绿色理念。北京市延庆区积极践行绿色发展观，从多领域联动建设绿色新家园和多场景应用绿色低碳技术两个层面发力，全力谱写绿色发展的崭新篇章，为城市的美好未来筑牢根基。

多领域联动建设绿色新家园。以"节能降碳、绿色宜居、智慧数字"为特色，有序推进高品质绿色建筑建设和既有建筑节能绿色化改造；以"便捷、高效、低碳、节能"为目标，构建绿色交通出行体系，加快推进城市公共领域车辆电动化，完善充电站等新能源交通设施配套；探索建立固体废物源头减量和资源化利用体系，建设"无废城市"；不断提高光、风、地热等可再生能源开发利用规模和能源使用效率，建设源网荷储一体化的新型电力系统，实施绿电交易，构建"安全、可靠、绿色、低碳"的能源体系；构建城乡一体的全域公园体系，推进多元特色绿道建设，提升道路绿地绿量和景观品质，不断提升城镇绿地碳汇能力和维护水平。

多场景应用绿色低碳技术。提出构建绿色低碳美丽园区新场景，通过推动能源梯级利用、建设屋顶分布式光伏、应用先进节能技术、开展超低能耗建筑示范、设置风光互补路灯等方式，实现单位工业增加值碳排放强度年下降5%目标。构建绿色低碳美丽景区新场景，通过建设生态停车场、采用高效节水灌溉方式、减少一次性用品使用、游览设施及餐饮设备100%执行电气化等方式，实现游客年人均碳排放量不高于20kg。构建绿色低碳美丽社区新场景，营造"以人为本、高效便捷"的社区空间，塑造"望山亲水、森拥园簇"的花园社区环境，打造"健康舒适、节能减排"的住宅产品，建设"全龄友好、科技智慧"的配套设施。

3.1 愿景定位

延庆立足首都生态涵养区功能定位和高质量绿色发展新阶段，以满足人民日益增长的美好生活需要为根本目的，全领域、全地域、全过程推进绿色低碳发展，打造国际一流的生态文明示范区、生态文明幸福的最美冬奥城和新时代首都生态文明建设的名片，争创践行习近平生态文明思想的城市典范、生态保护建设的城市典范、美丽经济发展的城市典范和宜居宜业宜游的城市典范。

3.1.1 践行习近平生态文明思想的城市典范

深学笃用习近平生态文明思想，全面践行"人与自然和谐共生"的自然观，"绿水青山就是金山银山"的发展观，"良好生态环境是最普惠的民生福祉"民生观，"建设美丽中国全民行动"的共治观，全力推动习近平生态文明思想在延庆落地生根，使延庆成为展示人与自然和谐共生现代化的重要窗口。

3.1.2 生态保护建设的城市典范

生态安全屏障更加牢固，生态环境更加优美宜人，青山绿水蓝天底色更浓，城市森林格局基本形成。碳排放总量和主要污染物排放总量持续协同下降，空气质量、水环境质量力争全市最优，生物多样性更加丰富，优质生态产品供给更加充足，生态环境质量达到国际先进水平。

3.1.3 美丽经济发展的城市典范

世园、冬奥遗产实现可持续利用，长城、世园、冬奥三张"金名片"成为区域发展重要引擎，形成"1+4+1"绿色经济体系，基本建成国际知名的休闲度假旅游目的地。单位GDP二氧化碳排放量完成市级下达目标，可再生能源利用达到国内领先水平，废弃物循环利用体系基本建立，建成"两山"转化示范标杆。

3.1.4 宜居宜业宜游的城市典范

高品质绿色建筑全面推广，社区生活圈实现全覆盖，居民出行更加绿色，万人拥有绿道长度和人均公园绿地面积全国领先，城乡基本公共服务实现均等化，打造一批具有标志性与辨识度的城市地标、景观节点、景观走廊、滨水空间、特色村镇，建成功能完备、水绿相融、魅力彰显的高品质精致花园城市。

3.2 目标指标

3.2.1 总体目标

到"十四五"期末。绿色低碳美丽城市建设的"四梁八柱"基本构建，形成导向清晰、目标明确、任务具体、措施有力的工作推进体系。生态、生产、生活领域绿色低碳发展取得新成效，生态环境质量保持较高水平，绿色经济规模质量显著提升，人民群众获得感、幸福感、安全感持续增强。绿色低碳美丽城市建设初具品牌影响力，建成一批彰显延庆特色的标杆项目。

到"十五五"期末。延庆区的"两山"创新实践成为全国示范，生态环境质量、生态产品价值转化、可再生能源利用处于国家和区域领先水平，二氧化碳排放量在全市率先达峰后稳步下降，城乡人居环境明显改善，绿色生产方式和生活方式基本形成，城市治理现代化水平显著提升，成为北京市民宜居宜游的向往之地，绿色低碳美丽城市建设品牌影响力进一步扩大。

到2035年。高标准完成建设绿色低碳美丽城市建设的目标，生态环境质量、美丽经济发展、宜居城市水平处于国内领先、国际先进水平，美丽城市、美丽乡村的美好图景高水平呈现，初步建成国际一流的生态文明示范区，形成中国式现代化延庆样板。

3.2.2 指标体系

为持续推进延庆区绿色低碳美丽城市建设工作，通过学习国际、国内先进城市和地区指标体系构建经验，构建具有延庆特色的绿色低碳美丽城市建设指标体系。指标体系共设置20项核心指标，其中生态保护建设典范指标4项、美丽经济发展典范指标4项、宜居宜业宜游典范12项（表3-1）。

3.2.3 指标说明

1）GEP 增长率

定义和计算方法：GEP增长率是指GEP的年度增长率，用两个相邻年份的生态产品总值进行计算。

延庆区绿色低碳美丽城市建设指标体系表　　　　表3-1

序号	领域	指标	现状数值（2022年）	目标值			指标性质
				2025年	2030年	2035年	
1	生态保护建设典范	GEP增长率（%）	2.28	稳定增长	稳定增长	稳定增长	引导型
2		森林覆盖率（%）	61.8	位居生态涵养区前列	位居生态涵养区前列	达到全市一流水平	约束型
3		细颗粒（PM$_{2.5}$）年均浓度（μg/m³）	26	26左右	持续改善	持续改善	引导型
4		地表水质量达到或优于Ⅲ类水体比例（%）	100	100	100	100	约束型
5	美丽经济发展典范	绿色产业增加值占GDP比重（%）	—	≥80	≥80	≥80	引导型
6		单位GDP二氧化碳排放量（t/万元）	—	完成市级下达目标	完成市级下达目标	完成市级下达目标	约束型
7		可再生能源占能源消费比重（%）	26.64	35.2	持续提高	持续提高	引导型
8		生活垃圾资源化利用率（%）	78	80	≥80	≥80	约束型
9	宜居宜业宜游典范	绿色生态示范区数量（个）	2	2	4	6	引导型
10		绿色低碳示范景区数量（个）	0	3	6	A级景区全覆盖	引导型
11		绿色低碳社区数量（个）	0	3	10	覆盖80%社区	引导型
12		绿色低碳村镇数量（个）	0	1	2	3	引导型
13		新建建筑中二星级以上绿色建筑的面积占比（%）	76	新建居住建筑达到100%，新建公共建筑力争100%	100	100	引导型
14		社区生活圈覆盖率（%）	100	100	100	100	约束型
15		绿色出行比例（%）	74	82	83.5	85	引导型
16		地面公交、出租汽车新能源车占比（%）	—	100	100	100	引导型
17		人均公园绿地面积（m²）	45.78	≥46	≥48	50	约束型
18		万人拥有绿道长度（km）	—	≥7.6	≥9.2	≥10.8	引导型
19		城乡污水处理率（%）	96.3	97	98	≥99	引导型
20		花园式场景数（处）	0	2	6	11	引导型

国内先进地区水平：浙江省湖州市安吉县规划到2025年GEP年均增长率约2%，深圳市2021年度GEP相比2020年增长1.0%。

延庆水平：延庆是国内和北京市较早开展生态价值核算的地区，2022年的GEP增长率达到2.28%，2025—2035年延庆提出GEP增长率保持稳定增长。

2）森林覆盖率

定义和计算方法：森林覆盖率指森林面积占土地总面积的比率，是反映一个地区森林资源和林地占有的实际水平的重要指标。

北京市水平：北京市的森林覆盖率2023年为44.9%，2025年预计达到45%，北京城市副中心提出2025年森林覆盖率应不小于34.6%。

延庆水平：作为首都生态涵养区，延庆的森林覆盖率在北京市各区县中处于领先水平，2022年达到61.8%，目标为在2025—2035年位居生态涵养区前列。

3）细颗粒（PM$_{2.5}$）年均浓度

定义和计算方法：将一年内每天测得的PM$_{2.5}$浓度值进行累加，然后除以一年的天数；是反映一个地区空气环境质量的重要指标。

北京市水平：北京空气中细颗粒物（PM$_{2.5}$）年均浓度2023年为32μg/m^3，目标为到2035年下降到25μg/m^3；北京城市副中心提出2025年PM$_{2.5}$年均浓度目标不大于32μg/m^3。

延庆水平：作为首都生态涵养区，延庆的空气环境质量在北京市各区县中处于领先水平，细颗粒物（PM$_{2.5}$）年均浓度2022年为26μg/m^3，目标为2025年稳定在26μg/m^{3}左右，2030—2035年持续改善。

4）地表水质量达到或优于Ⅲ类水体比例

定义和计算方法：地表水质量达到或优于Ⅲ类水体比例指水质达到或优于Ⅲ类的国控断面数占总断面数的百分比，是衡量一个地区水环境质量的重要指标。

国内先进地区水平：湖州市2021年地表水质量达到或优于Ⅲ类水体比例为100%，目标为在2025—2035年持续保持100%。

延庆水平：延庆的水环境质量在北京市各区县乃至全国都处于领先水平，2022年地表水质量达到或优于Ⅲ类水体比例为100%，目标为在2025—2035年持续保持100%。

5）绿色产业增加值占GDP比重

定义和计算方法：将绿色产业的增加值除以同期GDP总量得出的百分比，反映了绿色产业的经济贡献；在延庆的计算中，绿色产业增加值由绿色制造、生态农业和生态旅游业的产值三部分构成。

国内先进地区水平：2023年底河北省承德市绿色产业占GDP比重53%，2021年云南省楚雄市绿色产业增加值占GDP比重超过60%。北京城市副中心提出2025年规模以上企业绿色产业增加值占地区生产总值比重不小于40%。

延庆水平：延庆基于未来重点发展现代园艺、冰雪体育、新能源和能源互联网、无人机四大特色产业和休闲度假旅游、都市现代农业的考虑，提出2025—2035年绿色产业增加值占GDP比重不小于80%。

6）单位GDP二氧化碳排放量

定义和计算方法：单位GDP二氧化碳排放量是衡量单位GDP所产生的二氧化碳排放量的指标，是国家从"能耗双控"转向"碳排放双控"的重要指标。

国内先进地区水平：北京城市副中心2025年目标为单位GDP二氧化碳排放量降幅超过全市平均水平；北京市提出到2027年单位GDP二氧化碳排放量保持全国省级最优水平，2035年达到国际先进水平。

延庆水平：延庆面临经济社会发展带来的能耗增加需求，积极通过节能和能源结构转型，力争2025—2035年完成市级下达目标。

7）可再生能源占能源消费比重

定义和计算方法：可再生能源占能源消费比重是指地区年度利用的各种可再生能源（如太阳能生活热水、太阳能光伏发电、地源热泵、风力发电等）折算成一次能源消耗量的总和与地区内消耗的各种能源折算成一次能源消耗量的总和的比值（包括外调电力），是衡量一个城市（地区）能源结构转型的重要指标。

北京市水平：北京城市副中心提出2025年可再生能源占能源消费比重达到20%左右；北京市提出2025年可再生能源消费比重达到14.4%以上，到2030年达到25%左右，2035年达到35%。

延庆水平：延庆拥有较好的可再生能源禀赋，2022年可再生能源占能源消费比重已达到26.64%，目标为通过进一步开发风电、水电、光伏、地热和引入绿电，2025年可再生能源占能源消费比重达到35.2%，2025—2035年持续提高。

8）生活垃圾资源化利用率

定义和计算方法：生活垃圾资源化利用率指城市全年生活垃圾资源化利用量占全部生活垃圾清运量及可回收物回收量总和的百分比，是衡量废弃物再利用的重要指标。

国家要求：《城乡建设领域碳达峰实施方案》提出到2030年城市生活垃圾资源化利用率达到65%。

北京市水平：根据北京市城市管理委的最新统计数据，北京市生活垃圾无害化处理率已达到100％，资源化利用率达到80.94％；北京市还提出在"十四五"末期实现原生生活垃圾"零填埋"，生活垃圾无害化处理率稳定在100％，资源化利用率达到80％。

延庆水平：延庆区2022年的生活垃圾资源化利用率为78％，目标为在2025达到80％，2030年和2035年均不小于80％。

9）绿色生态示范区数量

定义：绿色生态示范区数量是指获评"北京市绿色生态示范区"称号的区域数量。

相关介绍："北京市绿色生态示范区"是北京市为推动绿色发展而组织的评选活动，从2014年开始，迄今为止开展8届。朝阳、海淀、丰台、石景山、通州、昌平、大兴、怀柔、延庆、房山、西城的21个园区获得"北京市绿色生态示范区"称号，1个园区获"绿色生态试点区"称号。

延庆水平：2018年延庆"世园园区"获"北京市绿色生态示范区"称号，2023年"延庆奥林匹克园区"获开发区、产业园区类"北京市绿色生态示范区"称号，"延庆休闲度假商务区RBD"获开发区、产业园区类"北京市绿色生态试点区"称号。在此基础上，延庆提出2025年绿色生态示范区数量达到2个，2030年达到4个，2035年达到6个。

10）绿色低碳示范景区数量

定义：针对绿色服务、生态保护、低碳运行的指标体系建设的绿色低碳示范景区的数量。

延庆水平：延庆提出全面提升景区绿色低碳建设水平，2025年创建绿色低碳示范景区3个，2030年创建6个，2035年实现A级景区全覆盖，并着手开展相关标准编制工作。

11）绿色低碳社区数量

定义：针对空间模式、花园环境、健康住宅、基础设施、绿色文化的指标体系建设的绿色低碳社区的数量。

延庆水平：延庆提出打造绿色低碳社区示范建设样板，2025年创建绿色低碳社区3个，2030年创建10个，2035年覆盖80％社区，并着手开展相关标准编制工作。

12）绿色低碳村镇数量

定义：针对环境友好、资源节约、低碳发展、绿色生活的指标体系建设的绿色低碳村镇的数量。

延庆水平：延庆提出打造绿色低碳乡镇示范建设样板，2025年创建绿色低碳乡镇1个，即张山营镇，2030年创建2个，2035年创建3个，并着手开展相关标准编制工作。

13）新建建筑中二星级以上绿色建筑的面积占比

定义和计算方法：新建建筑中二星级以上绿色建筑的面积占比是指当年竣工的新建建筑中二星级及以上绿色建筑面积的占比，是衡量建筑绿色低碳发展的重要指标。

国内先进地区的水平：北京城市副中心提出2025年星级绿色建筑面积占新建建筑比例100%，雄安新区提出2030年新建高星级绿色建筑比例达到100%。

延庆水平：延庆2022年新建建筑中二星级以上绿色建筑的面积占比为76%，目标为2025年新建居住建筑达到100%、新建公共建筑力争100%，2030年和2035年保持100%。

14）社区生活圈覆盖率

定义和计算方法：社区生活圈覆盖率指各级生活圈覆盖的区域面积占总用地面积的比例，是衡量城市居民生活便利度和公共服务设施配套水平的重要指标。

北京市水平：北京市提出2025年实现生活圈全覆盖。

延庆水平：延庆2022年社区生活圈覆盖率达到100%，目标为2025—2035年持续保持100%。

15）绿色出行比例

定义和计算方法：绿色出行比例指通过各种绿色交通方式出行的总量与区域交通出行总量的比值，是衡量城市绿色交通发展水平的重要指标；绿色交通出行方式包括步行交通、自行车交通、公共交通（含公共汽车、轨道交通）。

国内先进地区水平：北京城市副中心提出2025年绿色出行比例达到80%左右，雄安新区提出2030年启动区建成区域绿色交通出行比例达到90%。

延庆水平：延庆2022年绿色出行比例为74%，目标为2025年达到82%，2030年达到83.5%，2035年达到85%。

16）地面公交、出租汽车新能源车占比

定义和计算方法：地面公交、出租汽车新能源车占比指公交车和出租车中新能源车辆的占比，是衡量交通工具绿色化的重要指标。

北京市水平：截至2023年底，北京清洁能源和新能源公交车占比94.7%，目标为"十四五"时期市属公交车（山区线路及应急保障车辆除外）、巡游出租车（社会保障和个体车辆除外）实现100%新能源化。

延庆水平：延庆提出2025年、2030年和2035年地面公交、出租汽车新能源车占比均达到100%。

17）人均公园绿地面积

定义和计算方法：人均公园绿地面积指城镇公园绿地面积的人均占有量，是衡量一个城市园林绿化水平的重要指标。

北京市水平：北京市现状人均公园绿地面积达 16.9m²，提出 2035 年人均绿地面积达到 17m² 以上。北京城市副中心提出 2035 年人均绿地面积达到 30m²。

延庆水平：延庆的人均公园绿地面积处于北京乃至全国领先水平，2022 年人均公园绿地面积为 45.78m²，目标为 2025 年不小于 46m²，2030 年不小于 48m²，2035 年达到 50m²。

18）万人拥有绿道长度

定义和计算方法：万人拥有绿道长度指城市绿道总长度和城市常住人口的比值，是衡量一个城市宜居宜游水平的重要指标；在延庆的计算中，绿道包括市级和区级两级绿道。

北京市水平：北京万人拥有绿道长度为 1.32km；截至 2023 年底，北京城市副中心每万人拥有绿道长度为 2.3km，目标为 2035 年建成绿道约 280km。

延庆水平：延庆提出 2025 年万人拥有绿道长度不小于 7.6km，2030 年不小于 9.2km，2035 年不小于 10.8km。

19）城乡污水处理率

定义和计算方法：城乡污水处理率指经过处理的污水占污水排放总量的比例，是衡量城市人居环境水平的重要指标。

北京市水平：北京污水处理率现状为 97.3%，提出到 2025 年，实现城乡污水收集处理设施基本全覆盖，全市污水处理率达到 98%；北京城市副中心提出 2025 年城乡居民生活污水处理率不低于 98%。

延庆水平：延庆 2022 年的城乡污水处理率为 96.3%，目标为 2025 年达到 97%，2030 年达到 98%，2035 年不低于 99%。

20）花园式场景数

相关介绍：为贯彻落实习近平总书记关于建设首都花园城市的重要指示，北京市编制《北京花园城市专项规划（2023 年—2035 年）》，提出营建花园住区、花园街道、花园乡村、花园场站、花园公服、花园商圈、花园办公、花园工厂八大类花园场景。

延庆水平：延庆提出 2025 年打造 2 个花园场景，2030 年打造 6 个花园场景，2035 年打造 11 个花园场景。

3.3 建设原则

3.3.1 生态优先，绿色发展

牢固树立和践行"两山"理念，坚持山水林田湖草沙一体化保护和系统治理，持续夯实延庆生态本底，推动产业结构、能源、交通运输、城乡建设发展绿色转型，协同推进生态环境高水平保护和经济高质量发展。

3.3.2 城乡一体，三生共融

统筹推进城区与村镇绿色低碳建设，全面提高城乡规划、建设、治理融合水平，缩小城乡差别，促进城乡共同繁荣发展，强化全区"一盘棋"理念，优化国土空间开发保护格局，推动生态、生产、生活空间融合发展。

3.3.3 以人为本，共建共享

坚持发展为了人民、发展依靠人民、发展成果由人民共享，用心用情用力解决好群众身边的操心事、烦心事、揪心事，营建环境优美、舒适惬意的居住和游憩环境，坚持全社会行动，营造人人参与、人人共享的良好社会氛围，切实提高人民群众的获得感、幸福感。

3.3.4 标准引领，场景示范

编制具有延庆特色的绿色低碳城区、园区、景区、社区和村镇地方标准，以高水平标准引领延庆高品质绿色低碳美丽城市建设，打造丰富多样的绿色低碳应用场景，推动先进适用的绿色低碳技术在延庆集成示范。

3.3.5 系统谋划，有序推进

突出系统观念，强化总体部署，加快建筑、交通、能源、城市管理全领域绿色转型，推进绿色低碳园区、景区、社区、村镇全地域建设，统筹规划设计、建设更新、治理运行全过程落实绿色低碳要求，有序推动一批标杆项目落地实施。

3.4 框架构建

为落实延庆绿色低碳美丽城市建设的愿景、定位和目标指标，将从领域和场景着手开展相关工作。领域包括绿色建筑、绿色交通、绿色能源、绿色管理。场景包括绿色园区、绿色景区、绿色社区、绿色村镇。

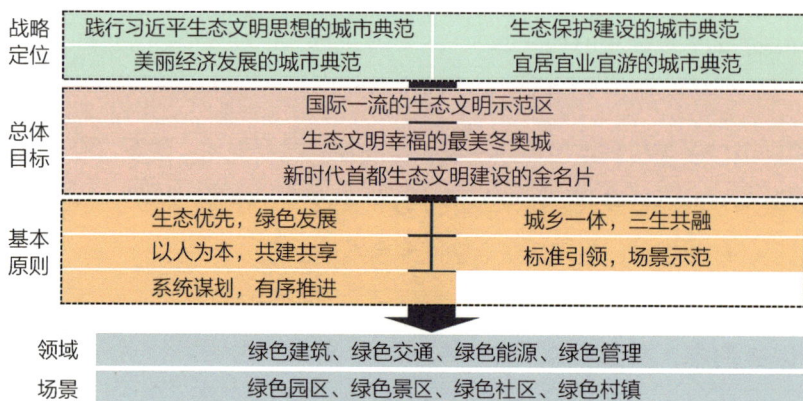

战略定位	践行习近平生态文明思想的城市典范	生态保护建设的城市典范
	美丽经济发展的城市典范	宜居宜业宜游的城市典范
总体目标	国际一流的生态文明示范区	
	生态文明幸福的最美冬奥城	
	新时代首都生态文明建设的金名片	
基本原则	生态优先，绿色发展	城乡一体，三生共融
	以人为本，共建共享	标准引领，场景示范
	系统谋划，有序推进	
领域	绿色建筑、绿色交通、绿色能源、绿色管理	
场景	绿色园区、绿色景区、绿色社区、绿色村镇	

图 3-1　延庆绿色低碳美丽城市建设框架图

3.4.1 绿色低碳领域的发展

建设高品质绿色建筑。重点推动绿色低碳高品质建筑建设，有序推进既有建筑节能绿色化改造，大力提升建筑全过程全方位节能降碳水平，全面凸显建筑绿色宜居要求，稳步提升建筑智慧管理水平。

打造绿色交通体系。优化基础设施空间布局，构建绿色交通出行体系，推广绿色低碳设备。

推进绿色能源利用。提高可再生能源开发利用规模，提升能源使用效率，推动新型电力系统建设，实施绿电交易。

提高绿色管理效能。推进固体废物减量化、资源化和无害化，发展新能源供热和完善新能源交通设施配套，推动城市智慧化管理。

3.4.2 绿色低碳场景的构建

　　构建绿色低碳美丽园区新场景。实现园区能源清洁化、环境生态化、生活便利化。

　　构建绿色低碳美丽景区新场景。强化景区绿色服务，保护景区生态环境，推进景区低碳运行。

　　构建绿色低碳美丽社区新场景。营造以人为本、高效便捷的社区空间，塑造望山亲水、森拥园簇的花园社区环境，打造健康舒适、节能减排的住宅产品，建设全龄友好、科技智慧的配套设施，培育绿色低碳环保的生活方式。

　　构建绿色低碳美丽村镇新场景。改善农村人居环境，提升农村生态环境质量与绿化水平，推动农村能源转型与资源循环利用。

第4章

交通

——逐绿前行，畅行延庆

4.1 基础现状

4.1.1 基本情况

延庆区是首都生态涵养区，生态本底优良，自然资源丰富，在绿色交通体系构建上具有很好的条件和基础。

图 4-1 延庆现状交通 1

图 4-2 延庆现状交通 2

延庆区居民慢行出行意愿强烈，在慢行系统品质得到提升的前提下，居民们普遍愿意用步行或自行车方式代替机动化出行。延庆区也非常重视绿色交通体系的建设，成功举办了多次骑游活动和赛事，受到了群众的欢迎。北京国际自行车骑游大会（简称骑游大会）已在延庆成功举办14届，这是北京市规模最大的群众性自行车骑游活动。来自世界各地的自行车爱好者齐聚延庆，感受中国自行车骑游名区的独特魅力。据现状调查，延庆区城区慢行出行占比达74%，城区慢行出行需求大而慢行出行比例高。延庆城区的空间尺度小，地势平坦，市民出行距离短，新城内部平均出行距离为1.01km，步行和自行车发展具有优势。

图 4-3　延庆骑游大会

延庆区拥有很好的骑行文化传统。延庆与自行车运动结缘于2008年北京奥运会（第29届夏季奥林匹克运动会），八达岭赛段被各国运动员赞誉为"最美赛道"。自此，延庆迈出了打造"中国自行车骑游大县"的坚实步伐。经多年倾力打造，延庆通过专业赛事引领和大众骑游带动，自行车运动如火如荼，软硬件水平全面提升，逐步实现了自行车运动与文化、体育、旅游和会展等产业的相互融合，发展成为自行车职业赛手的福地、骑游爱好者的天堂、自行车企业展示交流的舞台和相关行业创业者的沃土。

作为2019年世园会举办地和2022年北京冬奥会三大赛区之一，延庆是北京市唯一全境域都是水源保护地的区，干净指数和空气质量始终位于全市前列，林木绿化率达到69.23%，自然保护区面积占全域面积的近30%，是名副其实的"首都后花园"。优质的生态环境，为延庆发展自行车运动奠定了良好基础。

近年来，延庆相继参与承办了环北京职业公路自行车赛、国际自盟自行车越野分站赛等多项顶级赛事。其中，环京赛作为与环法自行车赛同级别的国际自盟最高级别赛事之一，四年间延庆赛段精彩频现，赛程逐年增加，最终增至当年五个赛段总赛程的三分之一。2014年，北京延庆树香园自行车越野赛道成为我国首条经过国际自盟技术团队认定的自行车越野赛道。同时，国际自盟自行车越野分站赛也首次来到中国，成为该项赛事在亚洲的唯一一站，比利时、荷兰和法国等17个国家的运动员参加了比赛，其中包括多名世界冠军。

2011年，"北京国际自行车骑游大会"正式落户延庆，至今已连续成功举办14届，并成为北京市规模最大的群众性自行车骑游活动品牌。首届骑游大会由北京市体育局、延庆区人民政府和北京市体育总会共同主办。随后几届，共青团北京市委员会、北京奥运城市发展促进会和北京市青年联合会相继加入共同主办。

骑游大会举办之初，延庆就始终坚持在"游"上做文章，首届骑游大会即设立了"骑游休闲组"；第二届骑游大会增设了"山地自行车越野赛"和"自行车趣味活动"；第三届骑游大会首次采用"固定＋自选"，选手在完成统一设定的骑游路线后，另有"井庄柳沟线""永宁古城线"和"树香园广场线"等三条自选线路可供选择；第四届骑游大会首次实现"展会合一"，2014北京国际自行车博览会暨第三届北京自行车文化节与骑游大会同期举行；第五届骑游大会首次全面实现市场化运作，依托美利达丰富的厂商资源和专业化的执行管理，进一步推动了骑游大会向市场化的深度转型。

2016年，第六届骑游大会更加突出了"文化性"和"体验性"，全国首个"自行车绿色出行"主题论坛成功举行。同时，成功打造了集展览、商贸、赛事和嘉年华于一体的国际性自行车品牌展会。

2013年6月，全国公路自行车冠军赛延庆开赛，这是近十年间，该项赛事首次在北京举行，也是延庆首次独立承办顶级自行车专业赛事。赛后，黑龙江等六支省队选择延庆作为训练基地，备战当年全运会比赛。

延庆逐步实现了自行车赛事、骑游活动与文化和旅游等产业的有机融合，形成了良好的氛围，不仅依托良好生态环境为广大游客提供了优质服务，还为地方经济发展注入了新的活力。众多来自全国各地的骑游爱好者已经成为延庆街头一道靓丽的风景。另外还推出了一些高附加值的自行车项目，比如"自行车训练营""自行车亲子定向""自行车团队拓展"等。骑游线路广，骑游人数多，也有效拉动了餐饮住宿、景区景点、旅游商品和自行车销售等相关产业。

延庆自行车运动的蓬勃发展，对当地人也产生着潜移默化的变化。骑行已渐渐成为延庆人的一种工作和生活方式，每天都会有大批延庆人，选择绿色出行、骑游健身。本地已逐步发展起十余支具有一定规模、长期活跃的自行车团体，他们还把绿色出行与环境保护相结合，骑行过程中捡拾沿途垃圾、保护生态环境。厚道的延庆人，还自发组织起义务服务团体，免费为来到延庆的骑友提供指路、救援和搭建交流平台等方面的服务。同时，每年6月份的第3个星期六，定为全区的"绿色出行日"。

4.1.2 建设优势

1）空间布局

根据分区规划，延庆区为"一城、两带，两区、八廊"的全域空间结构。

一城，即延庆新城。作为全区的公共服务中心、旅游服务中心、科技创新服务中心、国际生态文化展示交流中心，适当承接中心城区公共服务、高新技术研发等功能转移，也将是全区常住人口交通需求发生和吸引强度最大的区域。

两带，即长城文化带与京张文体旅游协同发展带。长城文化带有序推进长城保护和修缮工程，修复长城赋存山水生态环境，培育长城生态文化。京张文体旅协同发展带串联延庆新城、八达岭、张山营，连接昌平、北京中心城区和张家口，融入京津冀协同发展大格局。京张文体旅游发展带由于交通条件的改善将成为后冬奥时代旅游休闲活动的新热点，而长城文化带具有保护的要求，更适宜走文化创新为主的高端化路线。

两区，即山区与川区。山区是重要生态源地和生态屏障，应逐步扩大生态空间面积，提升生态品质；疏解腾退影响和破坏生态的产业，实现人口和建设用地总量稳中有降。川区是绿色发展与生态农业建设协调区，应合理控制城市发展规模，严格保护永久基本农田，提高绿色空间比例，形成大尺度的森林生态网络。

八廊，即依托妫水河、白河、南北干渠、西拨子河、三里河、古城河、小张家口河、宝林寺河形成的八条绿色生态走廊。提升河流水系的生态服务功能，加强湿地资源保护，营造生态、优美、宜人的滨水空间，加强山区与川区生态系统的联通。

2）旅游环境

《北京市延庆区"十三五"时期旅游业发展规划》提出延庆全域旅游空间格局为"一心、三带、两区"。

"一心"以延庆新城为主，充分利用大事件契机全面提升新城景观以及旅游设施品质，将其打造为全区旅游综合服务中心和城市会客厅。

"三带"分别为"激情冰雪"北山国际体育度假产业带（以张山营镇、旧县镇、香营乡为主）、"缤纷世园"妫河园艺生态休闲产业带（以延庆镇为主，包括大榆树镇、井庄镇、沈家营镇等部分区域）、"奇迹长城"文化创意旅游产业带（结合八达岭国家公园建设，整合延庆八达岭长城、水关长城、大庄科长城、石峡关长城、九眼楼长城、中国长城博物馆等长城文化资源）。

"两区"分别为西部马文化休闲区（以康庄镇为主，整合康西草原和野鸭湖两大优势资源）、东部沟域生态体验度假区（以四海镇、千家店镇、珍珠泉乡、刘斌堡乡、永宁镇为主）。

《延庆全域旅游空间布局规划》提出延庆全域旅游的空间结构为"一条热线、三核引领、三带拓展、四大板块"。一条热线为北京—延庆—张家口一线，三核引领分别为"八达岭长城+八达岭镇""世园会+延庆新城""冬奥会+张山营"，三带拓展分别为北山国际体育度假产业带、妫河园艺生态旅游休闲带、南部长城文化产业带，四大板块分别为南部长城·文化体验、北部冬奥·健康户外、中部川区·园艺田园、东部山区·隐逸休闲。

两次规划对于延庆全域旅游空间布局的思路转变在于更加强调"辐射""联系"与"带动"，注重旅游资源的整合与旅游综合发展单元的构建。对于开放的融合发展方式，作为关键支撑的交通，将更为丰富旅游的内涵，激发出旅游交通发展的新趋势与模式。

2023年8月15日，昌赤路新线（王家山—永偏路）段正式通车，至此延庆东部山区南北向交通要道——昌赤路新线（王家山—白河堡）全线贯通。昌赤路新线由延庆公路分局建设，道路规划等级为一级公路，全长15.66km。本次新开通路段长度为2.8km，起点位于永宁镇王家山村，终点位于永宁镇永偏路。昌赤路新线与昌赤路、永偏路、兴阳线、香刘路以及香龙路等多条国道、市道、县道相连通。道路建成后，极大加强了永宁镇、刘斌堡乡、香营乡等延庆区东部主要乡镇之间的沟通联络，方便了群众通行。沿昌赤路进入延庆的游客，通过昌赤路新线可以避开车流量较大的永宁镇区，快速到达"燕山天池""百里山水画廊""四季花海"等旅游景点，节约通行时间；同时减少了通过延庆东部山区前往河北省的跨省出行时间，道路里程缩短约8km，通行时间缩短近30分钟，增强了京冀地区联系，为推动京津冀协同发展提供更高质量的交通支持。

3）发展规划

根据延庆区产业相关规划研究及分区规划的梳理，全区将依托自身的资源条件继续以"国际级冰雪度假""国际级园艺观光体验""世界级长城文化"三大世界级产业名片为重点，加快建设中关村延庆园，重点培育和扶持现代农艺、文化体育休闲旅游、新能源节能环保三大主导产业，坚持融合互促发展生态旅游和全域旅游，布局冬奥体育产业集聚区、现代园艺产业集聚区、八达岭长城文化集聚区、永宁古城文化集聚区、中关村延庆园五个产业功能区，引导绿色产业向功能区集聚，新城和康庄镇、八达岭镇、张山营镇、永宁镇等小城镇将是主导产业的主要承载区以及区内主要的就业地。

4.1.3 主要挑战

1）绿色交通系统与"三网"融合较差

延庆区的绿色交通系统整体建设情况良好，各类景观资源和公园资源较为丰富，在妫河沿线建有妫河森林公园、世园公园、妫水公园、夏都公园和东湖公园等。但是城市绿色交通系统与公园的衔接较差，使得延庆区绿色交通系统与绿、水、路"三网"融合较差，造成城镇居民去各公园的交通便利性效果不及预期，健身游玩活动受到阻碍等。根据绿色交通出行的实际数据，绿色交通出行占比近年呈下降趋势。2013年延庆新城绿色交通出行占比76.34%，2017年慢行占比下降至66%，2018年新城慢行占比上升至74%，但是相较于2013年仍存在小幅的下降。

2）绿色交通系统精细化管理较弱

延庆区在医院、学校的绿色交通系统建设方面投入较大，绿色交通系统建设状况较好，然而在相关的经济化管理方面需要完善。学校或医院周边的相关标识标线状况，各路口的相关交通设施，均需要定期维护检查，根据实际交通状况进行调整，以满足交通现状，保证行人和非机动车的安全。

3）慢行空间缺乏活力和配套设施，骑行活动无法带动规模经济发展

延庆新城内自行车道特色不足，步行空间缺乏活力，主要吸引点之间缺乏高品质的慢行廊道，自行车骑游路线也缺乏配套的服务设施，慢行品质有待进一步提升。骑行配套设施较为缺乏，吸引游客驻足能力较弱。

当骑行安全性难以保障时，骑行游线吸引力将迅速降低。妫河生态走廊区域由于交通量较大，骑行安全性较差，致使骑行人员数量十分稀少难以推进沿线经济的成长。延庆新城内停车供需矛盾突出，现有的停车供给远远无法满足停车需求，新城内尤其是小区周边、延庆医院以及金锣湾商业中心周边主要交通干道上大量机动车占用人行道和非机动车道停车，导致行人和骑行车通行不便。延庆区作为北京市较为知名的骑行大区，受到众多骑行爱好者的青睐。每逢节假日，会有众多的骑行爱好者组团来到延庆区进行骑行活动。然而，这种自发形成的骑行活动，虽然给延庆区带来了一些游客，但是并没有形成规模，不能带动骑行路线沿线经济发展。这种现象的根本原因在于延庆区骑行活动没有形成统一的组织管理模式，没有知名品牌活动去牵头进行；并且由于与景区景点的衔接程度和结合程度较差，无法带动更多游客前来游玩，因此也无法带动沿线经济发展。

4）快速公交走廊规划不清晰

快速公交系统（BRT）作为缓解城市交通拥堵、提高公共交通效率的重要手段，其走廊的规划和建设至关重要。然而，目前延庆区快速公交走廊规划不够清晰，导致实际运营中存在诸多问题。如走廊设置不合理，未能有效避开拥堵路段；站点设置过于密集或稀疏，影响乘客出行效率；与其他交通方式的接驳不够便捷等。

4.2 建设目标

4.2.1 发展原则

坚持绿色主导。在延庆区经济社会发展过程中，要以绿色环保理念为主导和核心，关注生态环境和资源可再生性，推动可持续发展，促进经济活动与自然环境的和谐共存。

坚持集约高效。提倡资源的高效利用和集约化管理，在有限的资源条件下，实现经济的持续增长，减少浪费和环境影响。

坚持低碳节能。追求低碳排放和节能的生活生产方式，以应对气候变化，降低温室气体排放，推动能源结构转型。

4.2.2 建设目标

以让人民群众出行享有更多幸福感和获得感为宗旨，紧扣"一体化"和"高质量"两个关键，以"绿色主导，集约高效，低碳节能"为原则，打造"基础设施布局合理、出行体系绿色主导、设施设备低碳节能"的绿色交通体系，绿色交通发展水平达到全市领先、全国知名。

基础设施布局合理：通过智能化技术，优化交通规划，推动绿色出行方式，如步行、骑行、公共交通的发展；建设绿色交通枢纽，将不同交通方式有机结合，提供便捷的换乘服务，鼓励多种绿色出行方式的衔接和互补。

出行体系绿色主导：大力推广和宣传绿色出行方式，提升对应占比；提高地面交通和出租车中新能源车的比例；减少尾气排放，改善城市空气质量；开展绿色出行宣传活动，提高市民对绿色交通的认知和接受度，鼓励更多人选择环保的出行方式。

设施设备低碳节能：加快推进城市公共领域车辆电动化，鼓励新增和更新新能源汽车；建设绿色交通设施，如充电桩、自行车停车亭等，为绿色交通工具提供便利的停靠和充电设施，促进绿色出行的发展。

4.3 指标体系

选取绿色出行比例、自行车道设置率、绿色出行服务满意度、新能源车占比共四个指标作为综合评价指标体系。

4.3.1 分阶段目标值

表4-1分别展示绿色出行比例、自行车道设置率、绿色出行服务满意度、新能源车占比四个指标的分阶段目标值。

指标分阶段目标值　　　　　　　　　　　　　表4-1

序号	指标名称	目标值			指标属性
		2025年	2030年	2035年	
1	绿色出行比例	82%	83.5%	85%	引导型指标
2	自行车道设置率	100%	—	—	引导型指标
3	绿色出行服务满意度	85%	90%	95%	引导型指标
4	新能源车占比	100%	—	—	约束型指标

4.3.2 指标定义

1）绿色出行比例

绿色出行比例是指居民使用绿色出行方式的出行量占全部出行量的比例。绿色出行方式包括轨道交通、地面公交、自行车和步行。该指标通常用于评估一个地区的居民在日常出行中选择绿色出行方式的程度，是一项常用的基础引导型指标。

2）自行车道设置率

自行车道设置率是指城区路面宽度12m以上道路设置独立自行车道的道路里程长度占城区路面宽度12m以上道路的道路里程长度的比例。

这一重要引导型指标客观反映出一个城市或区域是否鼓励绿色出行，并愿意投入资金进行独立自行车道的建设。独立自行车道可以提高骑行者的安全感,减少与机动车辆的冲突,有助于减少交通事故发生率。良好的自行车道网络可以鼓励市民选择骑行作为出行方式,减少对机动车的依赖,从而促进城市绿色出行和减少碳排放。完善的自行车道网络也将提升城市形象,增加城市的吸引力和竞争力。

3)绿色出行服务满意度

绿色出行服务满意度是指居民对绿色出行服务的满意程度,包括舒适度、便利性等。可对标国际先进城市丹麦哥本哈根的成功经验进行指标的设置和建设,本指标为引导型指标。

绿色出行服务满意度是全世界范围内通用的评估指标和方法。它能够反映出城市或地区的绿色出行政策带来的实施效果,以及居民对这些服务的接受程度。其一,其反映居民的实际体验和感受,从而帮助政府和相关机构改进和优化服务质量,提升绿色出行服务满意度。其二,通过监测绿色出行服务满意度,来评估绿色交通政策的实施效果。其三,对满意度的调研本身也是增进居民对绿色交通的参与度和认同感,在获得一手数据的同时,能够进行服务提供方和使用方的有效互动。

4)新能源车占比

新能源车占比是指地面公交、出租汽车中使用新能源车辆的车辆数占地面公交、出租汽车的总车辆数的比例。可对标国内先进城市湖州市的成功经验进行指标的设置和建设。

这一重要的约束型指标从城市公共交通工具的视角进行设置。地面公交和出租汽车是城市交通中的重要组成部分,它们的新能源车辆比例的提升可以起到示范作用。从长期看,新能源车辆可能在运营成本上更具竞争力,有助于减少运营者的燃油支出。这一指标也将起到政策引导的示范作用。

4.4 行动方案

根据延庆区交通特点,以"便捷、高效、低碳、节能"为方向,综合考虑出行方式、基础设施、生态环境等要素,按照"优化存量、创新增量,一体布局、有序实施"的原则,聚焦基础设施空间布局优化、绿色交通出行体系构建、绿色低碳设备推广三个方向开展建设行动。

4.4.1 优化基础设施空间布局

以一体化布局为导向，以优化存量、完善布局为重点，加快公路和城市道路、停车场站设施提档升级，优化绿色交通基础设施空间布局。

公路方面。强化公路建设与国土空间规划"三区三线"的衔接，加强生态选线，合理避开声环境敏感区。因地制宜推进新开工高速公路全面落实绿色公路建设要求，鼓励普通国省干线公路按照绿色公路要求建设和养护，引导有条件的农村公路参照绿色公路要求协同推进"四好农村路"建设。强化公路生态环境保护工作，做好原生植被保护和近自然生态恢复、动物通道建设、湿地水系连通等工作，降低新改（扩）建项目对重要生态系统和保护物种的影响。支撑乡村振兴战略，推进"美丽农村路"建设，将生态绿色理念融入美丽乡村道路建设，兼顾畅通、安全、高品质等要求，实现公路与沿线周边乡村风貌、田园风光、农业园区充分融合。

城市道路方面。补强城际（市域）铁路接驳道路，发挥轨道交通对八达岭长城、延庆主城区等发展轴线的骨干带动作用。遵循"公交优先、慢行保障"原则加强公共交通和慢行交通的路权分配，持续强化慢行网络的连续性和功能性。持续优化公交线网和场站布局，加强与中心城区、邻近区镇的快速通道建设，做好与干线铁路、城际（市域）铁路的接驳运输，切实保障公共交通停放、保养场站等配套设施建设。持续优化路口无障碍过街设施、自行车停放设施建设，切实保障道路空间中慢行道的宽度和连通性，并加强慢行空间林荫道建设。

特色交通方面。分级分类建设全域绿道系统，串联滨水游憩、体育休闲等公园水系。以绿道串联重点文化资源、特色空间、重点功能区、大型居住区和就业组团，包括八达岭长城、百里山水画廊、野鸭湖、延庆·好物文化创意产业园、中关村延庆园、延庆休闲度假商务区等。优化步行和自行车道路权，开展人行道净化专项行动，强化自行车专用道管理，加强交通与环境、文旅的融合，构筑以绿道、蓝道、风景道为基础的"慢游"交通网络。

低空交通方面。借助延庆区低空产业集聚发展优势，以载运飞行汽车、低空巡航旅游、无人遥感巡检、无人机救援等产业为重点，建设形成覆盖整机研发制造、关键材料和零部件生产、低空飞行器检验检测、低空交通教育培训、低空飞行服务的完整产业链。依托八达岭长城旅游景点，开展山地载运飞行汽车、低空巡航旅游服务、无人机物流速递等新型低空交通服务，实现低空经济赋能增效长城文化旅游。针对延庆区山地森林防火、交通地质灾害检测需求，研制无人机低空智能巡检、无人机高空

图 4-4　延庆区绿道规划图

全景监测、无人机自动灭火、无人机快速救援等服务，建设山地低空飞行器智能应用实验基地，实现对八达岭长城及山地道路的全天候、智能化巡检。集成政策、集中资源，突出低空安全、军民融合、绿色航空等特色，在低空安全技术攻关、低空基础设施建设、低空空域管理创新、低空应用场景拓展等方面开展先行先试，形成示范引领，着力建设全市低空经济产业先导区。

4.4.2 构建绿色交通出行体系

强化"公交+慢行"网络融合发展，完善公交智能调度系统，加强大数据分析运用，科学优化公交线路站点布设、车辆配置和运营班次安排，提高公共交通智能化水平。强化交通堵点分级治理，采取"一点一策"等治理方式，改善学校、医院等重点区域交通环境。全面推进城市道路园林绿化整治提升工作，提升道路绿化品质。实现公交、出租汽车等出行服务信息开放共享，促进多系统融合运营服务。推动"互联网+"共享交通发展，鼓励和规范发展响应式公交、智能停车、智能公交、互联网租赁自行车等出行服务新业态。结合延庆冬奥村，建设无人驾驶等新型交通模式体验区。探索高铁物流、轨道快运等新物流模式，鼓励无人配送、分时配送、共同配送等新模式发展。

哥本哈根绿色交通

哥本哈根作为丹麦的首都，以其卓越的绿色交通系统闻名于世。哥本哈根被誉为"自行车之城"，拥有庞大的自行车数量和完善的自行车道网络，每天约有超过36000名骑自行车的人通勤12.3万km。全市出行结构中，步行、骑行和公共交通占比为74%，其中骑行方式占比41%。自行车不仅成为市民出行的主要方式，更成为城市绿色、低碳生活的象征。

哥本哈根让自行车成为大多数民众日常出行的首选，与其简单、安全、互联的基础设施密不可分。当地交通系统的规划设计无不体现对自行车的尊重，而这种尊重又激发了人们选择自行车出行的意愿。首先，为自行车提供足够的路权，如自行车高速公路和空中自行车道；设置针对自行车出行的交通标识，如骑行距离和骑行时间。其次，道路交叉口在渠化设计时设置蓝色路面标识（流量较大且可以直接左转的路口设置转向分道），为自行车通过提供明显的通行空间；另外，在信号配时方面设置自行车专用信号灯和自行车绿波带，保证自行车通行效率。最后，大范围设置自行车专用停车区，包括各个街道、重点片区以及火车车厢等。

随着全球城市化进程的加速和人们对生态环境的日益关注，绿色交通已经成为城市发展的重要趋势。哥本哈根作为全球绿色交通的典范，通过推广自行车文化、优化基础设施和精细化管理等措施，实现了交通的稳静化和可持续发展，也为其他城市的绿色交通发展提供了宝贵的启示。

新型交通模式方面，推动"互联网＋"共享交通发展，鼓励和规范发展响应式公交、智能停车、智能公交、互联网租赁自行车等城市出行服务新业态。探索高铁物流、轨道快运等新物流模式，鼓励无人配送、分时配送、共同配送等新模式发展。结合延庆冬奥村样板，建设无人驾驶等新型交通模式体验区。打造旅客出行与公务商务、购物消费、休闲娱乐相互渗透的"智能移动空间"，提供全新出行体验。

交通出行引导方面，深入贯彻"绿色优先、公交优先、慢行优先"发展理念，持续改善步行、骑行环境，促进生活方式向绿色方式转变，引导居民更多地选择公共交通出行，加快构建绿色主导的交通模式。强化交通堵点分级治理，采取"一点一策"等治理方式，改善学校、医院等重点区域交通环境，减少因拥堵导致的尾气排放和噪声污染。因地制宜发展骑行产业，创建一批特点突出、亮点显著、具有延庆特色的骑行品牌线路，打造彰显美丽延庆特色底蕴的精品骑行工程。在低碳新场景率先实施更加绿色的交通管理政策，高效引导提高绿色出行占比。

一级引导标识：骑行线路入口引导标识信息

二级引导标识：骑行线路上景区指引标识

三级引导标识：地面指引标识、景点门口确认标识、线路功能提示标识

图 4-5　三级骑行标识

服务品质提升方面，按照"应绿尽绿、品质建绿、长效保绿"的工作思路，全面推进城市道路园林绿化整治提升工作，绿化美化人居环境，提升道路绿化品质。提高公共交通智能化水平，完善公交智能调度系统，加强大数据分析运用，科学优化公交线路站点布设、车辆配置和运营班次密度安排。引导网络平台道路货物运输规范发展，有效降低空驶率。建立城市交通管理、公交、出租汽车等相关系统，促进系统融合，实现出行服务信息共享，并向社会提供相关信息服务。

4.4.3　推广绿色低碳设备

加快推进城市公共领域车辆电动化，鼓励新增和更新的城市公交、出租汽车、城市物流配送车辆优先使用新能源或清洁能源车辆，大力推动新能源、氢燃料电池汽车替代传统能源汽车，提振新能源汽车消费。构建高质量充电基础设施体系，为绿色运输和绿色出行提供便利。大力推进绿色汽车维修发展和驾驶员培训节能减排，助力行业绿色发展。

车辆方面，加快推进城市公共领域车辆电动化，鼓励新增和更新的城市公交、出租汽车、城市物流配送车辆优先使用新能源或清洁能源车辆。率先以公共交通为重点推广新能源汽车，陆续推动运营保障车辆基本实现新能源替代。

充电桩方面，加速构建车站联动、适度超前、布局均衡、智能高效的高质量充换电基础设施体系，提升充换电服务的经济性和便捷性。

机动车维修方面，引导汽车维修企业加大绿色汽修设施设备及工艺的升级改造，规范维修作业废气、废液、固废和危险废物存储管理，推进汽车绿色维修。推动全面实施汽车排放检验与维护制度，加快建立超标排放汽车闭环管理联防联控机制，强化在用汽车排放检验与维修治理，提高行业维修治理能力。

驾驶员培训方面，开展网络远程培训、多媒体教学，使用驾驶模拟器、清洁能源汽车、电动汽车等节能环保教学设施设备，创新驾驶培训方法和技术，有力推进机动车驾驶培训行业节能减排。落实购车优惠政策，鼓励出台支持汽车以旧换新等政策，持续促进新能源汽车产业发展。

第 5 章

能源
——全绿电多氢能，聚风力集地热

5.1 基础现状

5.1.1 基本情况

近年来，延庆区能源消费结构持续改善，能源消耗基础设施建设、能源管理能力、绿色发展水平取得了跨越式发展。能源清洁利用水平显著提高。主要能源消耗来自电力、油品、天然气、热力和可再生能源。

1）能源消费总量及能耗强度

"十三五"末，延庆区能源消费总量为57.19万t标准煤，能耗强度（万元GDP能耗）为0.294t标准煤，能耗强度下降率为13.15%，"十三五"末能耗累计下降率为32.04%。与"十三五"时期北京市政府要求的延庆区指标（能源消费总量控制目标为78万t标准煤，万元GDP能耗累计下降率17%）相比，延庆区顺利完成2020年以及"十三五"时期能耗"双控"任务目标，能源消费总量控制目标完成情况在生态涵养区排名第二，能耗强度在生态涵养区排名第三，万元GDP能耗累计下降率在生态涵养区排名第二。

截至2022年，延庆区能源消费总量为64.05万t标准煤，能耗强度为0.305t标准煤，能耗强度累计下降率为−3.73%。能源消费总量年均增长快于"十四五"规划预期，能耗强度累计下降率慢于"十四五"规划进度。

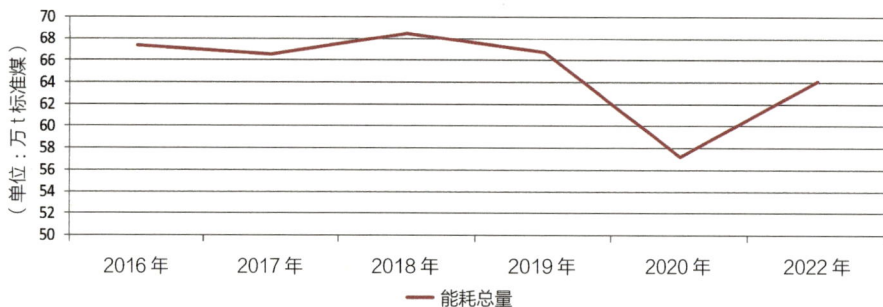

图 5-1　延庆区近年来能耗总量情况

2）能源结构

延庆区主要能源品种包括电力、天然气、煤炭、汽油、热力、柴油、可再生能源、石油沥青、液化石油气、燃料油。截至2020年，延庆区天然气消费量达到1.32亿m³，电力消费达到10.2亿kW·h，工业企业燃煤全部退出，仅农村地区部分冬季供暖用煤约6.2万t，煤炭在全社会能源消费总量中的比例为5.6%，汽油为11.5%、

图 5-2　延庆区近年来能耗强度累计下降率情况

柴油为 3.6%、可再生能源为 4.4%、石油沥青为 1.0%、液化石油气为 1.0%、燃料油全部退出。"十三五"期间，延庆区煤炭、油品等非清洁能源消耗持续降低，天然气、电力等清洁能源消耗持续升高，实现了最大能源消费由煤炭转为电力的重大跃变，为延庆区节能减碳工作奠定了坚实基础。

截至 2022 年，煤炭消费总量 3.94 万 t，煤品比重继续下降 1.95 个百分点，其中无烟煤退出延庆区能源消费舞台，煤制品由 3.34% 降至 1.65%，符合"十四五"规划预期进度；除煤品以外的优质能源比重达到 98.42% 左右，其中，油品比重由 25.58% 降至 22.63%，下降了 2.95 个百分点，天然气、热力、电力比重分别增加 0.76、0.97、3.18 个百分点，可再生能源占比达到 6.16%，与 2021 年相比基本持平，优质能源的比重提前达到"十四五"规划的目标。

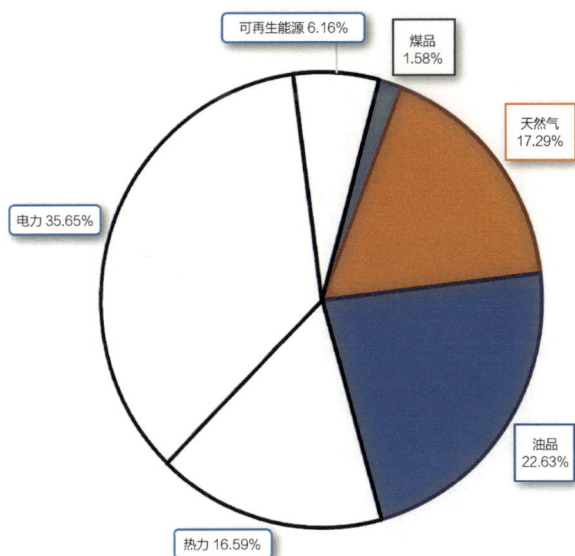

图 5-3　延庆区 2022 年能源结构

5.1.2 建设优势

煤炭消费总量低，优质能源占比高，节能减碳工作基础坚实，可再生能源开发利用水平较高。"十三五"期间，延庆区煤炭、油品等非清洁能源消耗持续降低，实现了最大能源消费由煤炭转为电力的重大跃变。"十四五"以来，延庆区深入推进清洁能源利用，落实可再生能源替代行动方案，通过压减燃煤、拓展天然气应用、提高可再生能源利用比例等措施，着力构建以清洁能源为主的能源供给和消费结构。推进可再生能源替代工作，对既有供暖制冷系统改造优先使用热泵技术。通过污染企业关停退出和清洁能源改造等方式，减少煤炭使用量，基本实现企业生产用能清洁化。加快推进农村地区"煤改清洁能源"，逐步完成川区燃煤替代，川区基本实现无煤化。截至2022年底，煤炭消费总量3.94万t，与"十四五"规划目标（2025年煤炭消费量下降至3万t）相比，下降进度符合"十四五"规划预期。优质能源比重达到98.42%，提前完成了"十四五"规划目标的101.46%，其中，可再生能源开发利用保持较高水平，2021年、2022年可再生能源消费占比分别为23.66%和26.69%，均为全市第一。

5.1.3 发展机遇

政策机遇。践行"两山"理论，确保绿水青山永续发展，要求降低化石能源利用比例，减少污染物及碳排放，为可再生能源利用提供良好的政策环境。

市场需求。随着对碳达峰和碳中和目标的进一步落实、"十四五"中后期分区差异化可再生能源开发指标的下达，以及国家和北京市对于用户侧参与绿电交易、加大绿电消费的要求不断提升，延庆作为首都生态涵养区，推动能源清洁低碳安全高效利用，降低碳排放强度，助力首都率先实现碳达峰，为能源发展提出了新的要求。

规划基础。北京市城市总体规划和延庆分区规划明确了"首都西北部为重要生态保育及区域生态治理协作区、生态文明示范区、国际文化体育旅游休闲名区、京西北科技创新特色发展区"的功能定位，以生态发展、科技创新、旅游休闲等高效低耗的产业为核心发展方向，为提高全区综合能源利用效率奠定了基础。

技术基础。延庆区可再生能源开发利用的稳步推进、微电网示范项目的前期实践、延庆园新能源和能源互联网产业的快速发展，以及氢能产业园的加速建设为可再生能源发展提供了坚实的技术基础。

绿色大事。冬奥、世园场馆后期利用，对电力、热力、燃气等能源基础设施建设以及运行保障能力提出了更高要求，延庆区能源基础设施将借此产生质的提升。基础设施发展能力与质量的快速提升，将为全区经济社会发展提供坚强支持。

协同发展。面对日益凸显的资源环境压力，首都能源发展需要在更大范围、更高层次推进与周边地区在资源供应、重点领域和重点项目的合作，建立形成区域联动、协调高效的清洁能源发展机制。对内承接核心功能区产业、对外扩大引入张家口地区绿色风电，可为延庆区争取更大的能源指标提供更多可能。

新基建契机。把握新基建机遇，着力优化延庆区产业结构，从根本上提供提升全社会能源利用效率的契机。同时在节能管理领域广泛应用新基建带来的新思路、新技术、新模式，提升既有居住建筑、交通、供热、工业等领域的能源管理水平。

5.1.4 发展挑战

资源潜力、发展动力、发展环境挑战。①受限于城市空间条件，"十四五"以来屋顶分布式光伏、地热及热泵供暖等传统新能源开发利用方式仍是延庆区最主要的绿色能源应用途径，可再生能源资源开发、技术应用场景相对单一。②全域旅游的逐步成型对能源高效利用提出更大挑战。"十四五"时期，延庆区深度释放全域旅游发展潜力，东部山水康养、中部生态体验、南部长城文化、北部冬奥冰雪旅游的全域旅游格局将逐步成熟，围绕全域旅游的交通体系、餐饮民宿、景观展示等领域将拉升延庆区能源消费总量，同时旅游景点基本呈点状分布，开展系统性节能改造的难度较大，给能源总量控制造成极大压力。

延庆区绿色能源发展高要求的挑战。①产业高质量绿色发展对能源供应提出更高要求。延庆区产业发展、服务需求高端化，对能源供应的高可靠性提出了更高要求，需要从电力、燃气、油品的源头供应、网络配送直至终端消费各个环节进行有序提升。②社会和谐发展要求能源建设更注重服务民生。"十四五"时期，是延庆区经济社会向高质量增长转型的关键时期，要求能源基础设施建设更注重服务民生，不断提升城乡居民用能服务的统筹能力，实现社会和谐发展。③建设国际一流生态文明示范区，对如何提供高保障性、高品质、绿色优质能源提出更高要求；对能源基础设施与生态发展、全域旅游、绿色"高精尖"产业体系协调发展提出更高要求；对不断提升能源利用效率，不断降低万元 GDP 能耗，达到生态涵养区领先目标提出更高要求。

5.2 建设目标

5.2.1 总体目标

延庆区锚定碳达峰、碳中和目标，通过大力推进可再生能源项目建设、不断提高能源使用效率、积极建设新型能源系统创新试点、发展绿电交易，不断提高可再生能源开发利用规模，推进可再生能源成为城市能源体系的重要组成部分；万元GDP能耗水平达到生态涵养区前列，能源绿色低碳转型取得成效；绿色能源政策机制不断完善；有效支撑"保障有力、清洁高效的能源供应体系和能源利用体系"目标的实现。

5.2.2 具体目标

2025年（近期）目标。①可再生能源发展目标：通过推广分布式光伏发电、太阳能热水系统、地热利用和热泵技术应用规模，增加分布式风力发电或微风发电项目、园区景区社区光伏产品、氢能产业等试点工程，不断提高可再生能源在总能源消费中的占比，到2025年末，可再生能源消费量占比提高至35.2%。②能源使用效率提升目标：通过加大可再生能源利用、节能改造、新能源汽车、绿色建筑等途径，不断降低万元GDP能耗，到2025年，万元GDP能耗累计下降率达到市级要求，高效完成市级双控指标。③建设新型绿色能源系统建设示范工程，到2025年，源网荷储一体化示范项目不少于5个，形成隔墙售电模式试点工程。④推动绿电示范园区建设。

2030年（中期）目标。①可再生能源发展目标：通过继续推进分布式光伏发电、太阳能热水系统、园区景区社区光伏产品、分布式风力发电或微风发电项目、地热利用和热泵技术、氢能产业等的应用规模，不断提高可再生能源在总能源消费中的占比，到2030年末，可再生能源消费占比持续提高。②能源使用效率提升目标：完成能耗双控向碳排放双控转变，通过继续加大可再生能源利用、节能改造、能源管理方式优化提升、余热回收利用、新能源汽车、绿色建筑等途径，实现碳排放总量、强度位居生态涵养区前列。③建设新型绿色能源系统建设示范工程，到2030年，源网荷储一体化示范项目不少于10个，隔墙售电模式试点工程不少于5个，能源数字化监控水平明显提升。④完成绿电示范园区建设。

2035年（远期）目标。①可再生能源发展目标：通过大规模普及分布式光伏发电、太阳能热水系统、园区景区社区光伏产品、分布式风力发电或微风发电项目、地热利用和热泵技术、新能源汽车、氢能产业等可再生能源应用，不断提高可再生能源在总能源消费中的占比，到2035年末，可再生能源消费占比持续提高。②新型绿色能源系统工程初具规模，到2035年，所有新建工业园区实现源网荷储一体化能源管控，大部分可再生能源发电企业可参与隔墙售电交易，建立延庆区能源互联网交易服务平台。③通过绿电交易，不断提升延庆区绿色能源消费占比。

5.3 指标体系

基于延庆现有能源建设情况，对标国内相关标准和相关案例，构建《延庆区绿色能源指标要求及评价标准》，根据《延庆区绿色能源指标要求及评价标准》，从可再生能源消费占比、单位GDP能耗、碳排放强度、能源技术创新等方面，考核延庆区各企业绿色能源建设和应用水平（表5-1）。

规划指标表 表5-1

序号	指标名称	指标现状	指标要求
1	可再生能源消费占比	6.16%	2025年末提高至35.2%
2	能耗强度（万元GDP能耗）	0.305t标准煤	达到市级要求
3	能耗强度累计下降率	-3.73%	达到市级要求

指标说明：①可再生能源消费占比，指可再生能源消费在全社会能源消费总量中的比例；②能耗强度，指万元GDP能耗，以每生产1万元GDP消耗的能源折算成标煤来衡量；③能耗强度累计下降率，指延庆区在一定时期内（如一年）每生产1万元GDP所消耗的能源总量相比上一时期或基准期所减少的比例。

5.4 行动方案

5.4.1 提高可再生能源开发利用规模

扩大绿电应用规模。积极推进分布式光伏发电系统建设，充分利用新建建筑、园区厂房及办公建筑、重点用能单位可利用场地或建筑、公共建筑、商业中心、村镇及政府机构等建筑设施建设分布式光伏发电系统，鼓励建设户用光伏发电系统。在园区及景区推广"光伏+"产品应用。新建建筑应当按照规定标准安装太阳能光伏或者其他可再生能源利用设施，并与建筑主体同步设计、同步施工、同步验收，保证正常使用。新建公共机构建筑和新建厂房屋顶光伏覆盖率不低于50％。利用空旷地点建设分布式风力发电系统或微风发电项目。

推进暖民工程建设。大力推进以可再生能源为主的多能互补供热模式应用。推进地热资源利用，积极推动新建区域、新建建筑应用浅层地源热泵供暖，大力支持浅层地源热泵在新建园区的应用，鼓励适宜村镇煤改热泵供暖，鼓励设施农业应用浅层地源热泵供暖，支持浅层地源热泵与太阳能、光热、蓄热多能互补应用。充分利用再生水资源，合理利用污水资源，距离再生水厂5km范围内的建筑优先利用再生水源热泵供暖。按照取热不耗水、完全同层回灌的原则，开展延庆区深层地热供暖示范区建设。在新建的低密度城镇建筑、农村建筑中推广集中式空气源热泵等供热系统。

发展氢能产业。坚持可再生能源制氢发展方向，加快研究氢能制储运用体系规划布局，推进绿色氢能在交通、分布式能源领域的示范应用，推动氢能成为扩大可再生能源应用规模的新路径。推进绿电制氢、谷电储能、氢能应用建设规模，探索电—氢能源体系，开展氢能应用示范，建设氢能创新产业园。发挥好北京冬奥会和冬残奥会氢能示范工程效应，按照"布局合理、适度超前、供需匹配、安全有序"原则，构建加氢站保障体系。聚焦大宗物资运输、渣土运输、物流配送、市政环卫、通勤客运、公交等中远途、中重型为主的应用场景，布局加氢站建设。充分利用延庆区既有氢能交通设施资源，扩大氢能示范范围，打造多场景氢能交通综合示范。

根据前期资源排查情况，可实施重点项目见表5-2。

提高可再生能源开发利用规模重点项目表　　　　　　　表5-2

任务分类	重点项目	规模/数量/覆盖率	计划建设年限
提高分布式太阳能应用规模，积极推进分布式光伏发电、太阳能热水系统建设	延庆区德青源生态园5MW分布式屋顶光伏发电项目	5MW	2025年
	京能延庆龙庆峡光伏电站加密项目	30MW	2024年
	中关村延庆园3MW分布式光伏发电项目	3MW	2025年
	延庆火车站停车场5MW光伏发电项目	5MW	2025年
	公共建筑分布式太阳能全覆盖工程	5MW	2030年
	北京延庆归真云伊电投新能源有限公司生态农业大棚分布式光伏建设项目二期	6MW	2025年

续表

任务分类	重点项目	规模/数量/ 覆盖率	计划建设 年限
提高分布式太阳能应用规模，积极推进分布式光伏发电、太阳能热水系统建设	北京延庆归真云伊电投新能源有限公司生态农业大棚分布式光伏项目三期	6MW	2025年
	北京营泰新能源有限公司生态农业大棚分布式光伏建设项目	6MW	2025年
	北京珺煜新能源有限公司生态农业大棚分布式光伏建设项目	6MW	2025年
	北京延庆归真云伊电投新能源有限公司生态农业大棚分布式光伏建设项目一期	6MW	2025年
	北京正驰新能源有限公司生态农业大棚分布式光伏建设项目	6MW	2025年
	北京京志新能源有限公司生态农业大棚分布式光伏建设项目	6MW	2025年
	北京佰源新能源有限公司生态农业大棚分布式光伏建设项目	6MW	2025年
	北京悦耀新能源有限公司生态农业大棚分布式光伏建设项目	6MW	2025年
	北京晶优新能源有限公司生态农业大棚分布式光伏建设项目	6MW	2025年
	北京云下山居农业产业园分布式光伏项目	6MW	2025年
	太阳能热水暖民工程	2MW	2035年
	园区及景区光伏产品全覆盖工程	1MW	2030年
	北京世园公园停车场5MW光伏发电项目	5MW	2025年
	龙庆峡旅游区停车场5MW光伏发电项目	5MW	2025年
分布式风力发电系统或微风发电项目	延庆70MW风力发电示范工程	70MW	2030年
	园区分散式风力发电工程	1MW	2030年
开展地热能利用项目建设	地源热泵供热项目	35个	2035年
	水源热泵及空气源热泵供热工程	30个	2035年
推动新能源汽车多领域应用，促进可再生能源消纳	电动汽车充电桩项目	9.96MW	2024年
发展氢能产业	绿电制氢储能示范工程	2个	2030年
	加氢站示范工程	2座	2025年
	延庆区氢能创新产业园	1个	2030年
	重点用能单位节能改造项目	100%	2035年

部分重点项目建设方案

1.京能延庆龙庆峡光伏电站加密项目

在延庆区龙庆峡地区，建设光伏发电项目，安装容量30MW，项目利用北京市延庆区龙庆峡光伏电站（简称"一期"）场区内阵列间隙及空余地面面积建设光伏发电系统，直流侧装机容量约为32.155MWp，采用"全额上网"模式。光伏电站建成后，首年发电量为4136.135万kW·h，25年累计上网电量为97405.990万kW·h，年均上网电量为3896.240万kW·h，首年等效满负荷利用小时数1286.304小时，年平均利用小时数为1211.698小时。

图5-4　延庆龙庆峡光伏电站加密项目地块一布置图

2.中关村延庆园3MW分布式光伏发电项目

中关村延庆园按照所有建筑均加装光伏发电系统考虑，摸排厂房高度、房屋朝向、空旷区域面积等条件，"宜建尽建"，实现具备条件屋顶光伏全覆盖。利用合锐清合电气、国材汽车复合材料、光瑞机械制造等公司的空闲屋顶建设园区屋

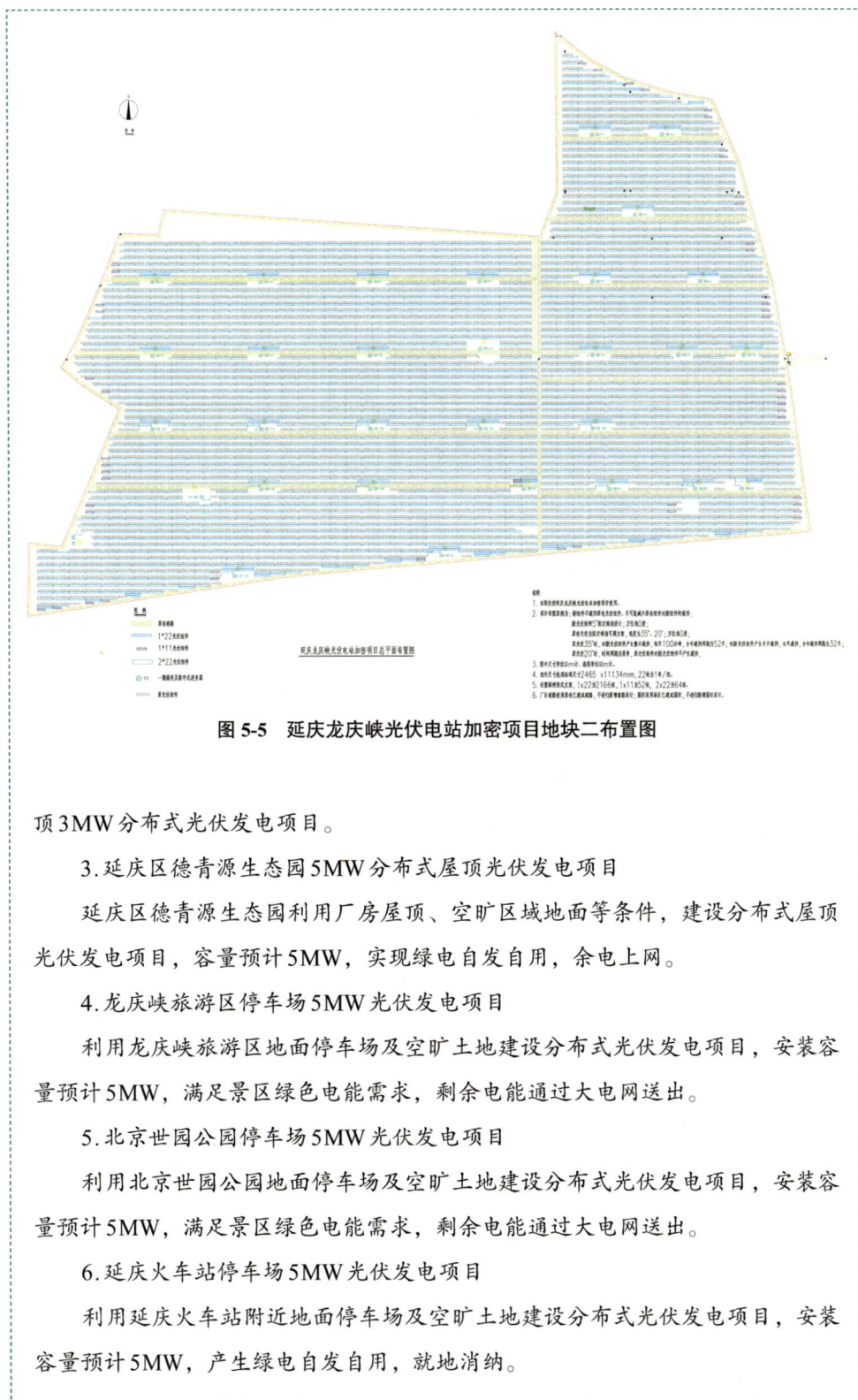

图 5-5　延庆龙庆峡光伏电站加密项目地块二布置图

顶3MW分布式光伏发电项目。

3. 延庆区德青源生态园5MW分布式屋顶光伏发电项目

延庆区德青源生态园利用厂房屋顶、空旷区域地面等条件，建设分布式屋顶光伏发电项目，容量预计5MW，实现绿电自发自用，余电上网。

4. 龙庆峡旅游区停车场5MW光伏发电项目

利用龙庆峡旅游区地面停车场及空旷土地建设分布式光伏发电项目，安装容量预计5MW，满足景区绿色电能需求，剩余电能通过大电网送出。

5. 北京世园公园停车场5MW光伏发电项目

利用北京世园公园地面停车场及空旷土地建设分布式光伏发电项目，安装容量预计5MW，满足景区绿色电能需求，剩余电能通过大电网送出。

6. 延庆火车站停车场5MW光伏发电项目

利用延庆火车站附近地面停车场及空旷土地建设分布式光伏发电项目，安装容量预计5MW，产生绿电自发自用，就地消纳。

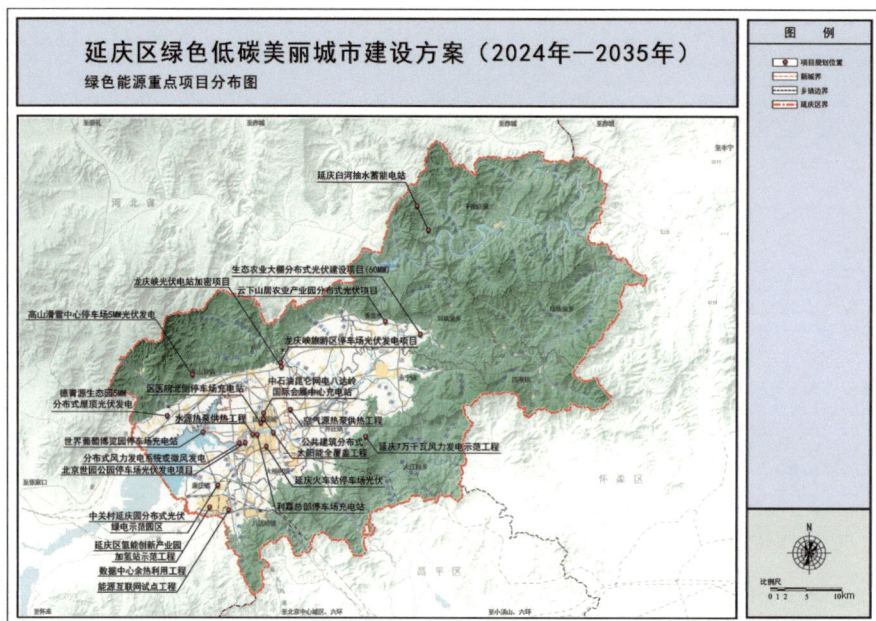

图 5-6　中关村延庆园 3MW 分布式光伏发电项目屋顶光伏规划布置

7.公共建筑分布式太阳能全覆盖工程

实现延庆区学校、体育场、商业综合体等大中型公共建筑分布式太阳能全覆盖，其中，延庆第一中学，延庆第二中学，延庆第五、第六中学三个项目为第一批重点工程。

5.4.2 提升能源使用效率

强化规上企业节能诊断改造。推进规上企业节能管理工作，指导企业开展生产工艺全流程能源诊断，开展节能改造项目实施、节能管理能力建设、能源管理信息化建设等工作。将可再生能源应用要求融入绿色制造体系，明确工业建筑、设施可再生能源耦合应用指标要求，实施既有产业建筑、设施可再生能源应用改造工程。回收数据中心余热资源。严格落实《关于进一步加强数据中心项目节能审查的若干规定》，加强余热资源利用，提高能效碳效水平。

实施配套设施综合节能优化提升。面向延庆区公共机构、建筑等领域，开展重点配套设施综合能源管理项目，加强集中燃气锅炉供热站节能运行管理，提升供热系统冷热均匀度，杜绝能源损失和浪费，保证供热系统高效、稳定运行。统筹应用建筑能源系统优化、建筑屋面分布式光伏建设、建筑能碳数字平台建设等综合技术，对既有建筑进行综合性节能绿色化改造。党政机关、学校、医院、体育场馆等率先示范，加大可再生能源应用推广力度，广泛传播绿色低碳文化。按照因地制宜原则，在城市更新、公共建筑节能绿色化改造中同步实施可再生能源替代工程。

加快交通领域脱碳更新。坚持"宜电则电、宜氢则氢"，加快充电桩、加氢站布局建设，推动新能源汽车多领域应用，促进可再生能源消纳。提高园区物流配送、公务用车等新能源汽车比例。在中关村延庆园等重点园区内建设"光储充换"一体化站，满足园区内车辆充电、加氢等能耗需求。提高园区及社区充电桩（站）覆盖密度，统筹优化充换电站空间布局，全面提升机关单位、居住区、社会公共、公交环卫专用等场景充电服务能力，满足不同领域的充换电需要和服务提升需求。在公共建筑配建停车场、公共停车场，按照《电动汽车充电基础设施规划设计标准》建设或预留充电设施。大力推广光储充一体化、车网互动等新模式，指导充电设施运营商优先建设V2G充电桩，深化车网互动平台应用，推动充电设施数据"应接尽接"。

根据前期资源排查情况，主要从表5-3中的具体项目开始实施。

提升能源使用效率重点项目表 表5-3

任务分类	重点项目	数量/覆盖率	计划建设年限
配套设施综合节能优化提升	公共建筑综合能源管理项目	100%	2030年
	集中燃气锅炉供热站节能优化工程	100%	2030年
回收数据中心余热资源	数据中心余热利用工程	1个	2030年

5.4.3 推动新型绿色能源系统建设

推进源网荷储一体化项目建设，充分发挥源网荷储协调互济能力，优先开发利用可再生能源，充分利用风、光资源禀赋，推动龙庆峡光伏电站加密、德青源生态园光伏发电等项目建设，规划和推进北京市延庆区白河抽水蓄能电站、康西草原东部及黄峪口风电项目，利用已建设电网主架构，增加本地电力支撑，调动负荷响应能力，推动开展延庆区电力源网荷储一体化建设。

鼓励园区或高耗能企业建设智能微电网系统，实施智能配电网增量配电业务试点。充分依托延庆风电项目、龙庆峡光伏电站加密项目、抽水蓄能项目、绿色低碳园区示范工程等，开展隔墙售电新模式的先行先试，向企业提供新能源电量。

发展能源互联网运营模式，探索建设能源运营交易服务平台，鼓励发展服务于能源互联网及其相关大数据处理、能源控制、能源交易、能源云建设等领域的低碳、高质量云计算产业。

根据前期资源排查情况，可实施重点项目见表5-4。

推动新型绿色能源系统建设重点项目表   表5-4

任务分类	重点项目	规模/数量	计划建设年限
推进绿电园区建设	建设绿电示范园区	1个	2030年
鼓励园区或高耗能企业建设智能微网系统	园区智能微网试点项目	1个	2025年
抽水蓄能项目	延庆白河抽水蓄能电站	100万kW	2035年
实施智能配电网增量配电业务试点	智能配电网增量配电业务试点项目	1个	2030年
发展能源互联网运营模式	能源互联网试点工程	1个	2035年

重点项目介绍——延庆白河抽水蓄能电站

延庆白河项目位于延庆区千家店镇六道河村西部，距离延庆区直线距离约32km。上水库位于白河左岸六道河村上游支沟黄木沟沟首。下水库位于白河左岸槟榔沟沟内，沟口距六道河村约1.6km。电站初拟装机容量100万kW，安装4台单机容量25万kW的立轴单级可逆混流式水泵—水轮机组。

抽水蓄能电站作为绿色储能设施，投产后，可替代1～1.05倍煤、气电容量，助力"减煤、稳气、少油、强电、增绿"目标实现，优化北京市能源结构，加快可再生能源替代进程，有效推动北京能源消费绿色低碳转型发展。投入系统运行，年可减少二氧化硫排放3万t、氮氧化物排放0.9万t、一氧化碳排放213t、碳氢化物排放85t、二氧化碳排放160万t、飞灰排放16万t，节能减排效益显著。

5.4.4 推进发展绿电交易

用电量超过500万kW·h的企业与发电企业开展电力直接交易，通过双边、挂牌和集中竞价等多种方式购买绿电，签订绿色供电中长期协议。企业可与国家电网、虚拟电厂聚合商、发电企业签订绿电合作协议。

探索以园区为购电聚合体的新型绿电交易模式。依托北京能源集团有限责任公司专业售电平台公司，建立园区与发电企业绿电合作关系，掌握双方供需需求，将经认证的风电光伏等项目产出绿电交易到园区，保障园区绿电供应，充分发挥电网和交易的关键纽带作用，有机衔接源网荷储各环节，探索源网荷储一体化运营模式。

完善中小企业绿电支持政策。摸排企业近中长期绿电使用规模，研究出台参加市场化交易的绿电补贴政策，建立企业绿电交易补贴机制，消化企业绿电增量成本，保障延庆绿电交易试点的落地实施。鼓励中小企业参与绿电交易与绿电证书认证。结合碳资产管理及碳资产交易，为中小企业提供便捷、智能的绿电服务。

紧抓国家能源局做好可再生能源绿电证书全覆盖的工作契机，以中关村延庆园为试点，推动延庆区在北京市率先开展自发自用分布式光伏绿电证书核发机制。加快自发自用可再生能源发电项目建档立卡，按照绿电认证规则，实现自发自用可再生能源绿电认证率先在延庆落地。

第6章

建筑

——住宅宜居化，公建节能化

建设高品质绿色建筑在践行绿色低碳美丽城市建设中占据着核心地位。建设高品质绿色建筑不仅是实现绿色低碳美丽城市的具体措施，更是推动城市向生态友好、经济高效、人居和谐方向发展的关键动力。本章基于延庆建筑资源禀赋、本底特色和城市建设的问题导向与目标导向要求，在广泛借鉴吸收国内外优秀城市绿色低碳建设经验的基础上，重点研究了延庆绿色建筑的建设目标、主要指标、任务措施等内容。以习近平生态文明思想为指导，坚持人与自然和谐共生，坚持节约资源和保护环境的基本国策，坚持人和自然和谐发展，秉承以人文本、发挥特色、创新引领、推动产业发展的原则，凸显节能降碳、绿色宜居、智慧数字的特色，构建延庆区"1+3+5+N"的高品质绿色生态宜居建筑，兼具系统性、先进性和落地性，助力延庆成为国际一流的生态文明示范区，助力"两山"理论延庆高水平实践，推动延庆产业经济绿色高质量发展。

1个主旨：建设凸显延庆特色的节能降碳、绿色宜居、智慧数字的高品质绿色建筑体系。

3项建设目标：重点推动绿色低碳高品质建筑，有序推进既有建筑节能绿色化改造，全面建设高星级绿色建筑。

5个方面：大力提升建筑全过程全方位节能降碳水平，全面凸显建筑绿色宜居关怀要求，稳步提升建筑数字智慧管理水平，重点推动绿色低碳高品质建筑建设，有序推进既有建筑节能绿色化改造五个方面重点任务。

N个重点项目：到2025年，完成中国长城博物馆改造提升工程、首都体育学院（北京国际奥林匹克学院）新校区建设、新华家园养老住区（延庆）项目、延庆区国家地质公园配套项目等N个重点绿色建筑建设项目。

6.1 基础现状

6.1.1 基本情况

1）住宅建筑

延庆区住宅类型以多层住宅为主，集中为老旧小区和部分新建小区。多层住宅通常每个单元的建筑面积在80~120m²。近年来，新建的高层住宅逐渐增多，建筑高度通常在12层以上，单元建筑面积多在70~140m²。这类住宅主要集中在新开发的区域。在一些风景优美的区域，如八达岭周边，有不少开发商推出别墅项目，单套建筑面积可达到200m²以上，部分高档住宅的面积甚至超过300m²。

"十三五"时期，延庆区深入落实《延庆分区规划（国土空间规划）（2017年—2035年）》，聚焦聚力冬奥会、世园会筹办举办，住房供应持续增长，居住水平不断提高，住房保障不断加强，住房市场保持平稳健康，居住环境更宜更优，新建住房品质提升，社区治理、物业管理实现"三率"全覆盖。

2）公共建筑

延庆区公共建筑面积类型多样，包括文化建筑、体育建筑、教育建筑、医疗建筑、商业服务建筑及行政办公建筑。这些公共建筑不仅为居民提供了基本的生活服务和文化娱乐活动场所，也促进了区域的社会和经济发展。近几年，延庆世园会的成功举办、冬奥会场馆和基础设施的进一步升级，城乡建设跨域式发展、棚户改造的持续推进，均体现了延庆区公共建筑和城乡建设方面的努力和进步。

6.1.2 建设优势

1）建筑可再生能源禀赋全市领先

延庆区平均海拔500m以上，日照充足，日照数全年可达2800小时，水平面总辐照量为1648kW·h/m²，固定式发电最佳斜面总辐照量为1957kW·h/m²，建筑太阳能发电条件良好。全区地热带面积达105km²，一般温度大于50℃，最高可达70℃以上，全区深层地热资源可供暖300万m²，地源热泵应用前景广阔。

2）高品质绿色建筑建设成果显著

截至2022年，延庆高星级绿色建筑累计32项，建筑面积160.21万m²，占绿色建筑面积达22.2%。装配式建筑62项，建筑面积316.43万m²，占新建建筑面积达57.33%。建成超低能耗建筑2项，包括延庆山地新闻中心、北京2022年延庆冬奥村D6居住组团项目，建筑面积3.64万m²，示范面积2.72万m²。同时，延庆正在重点打造延庆RBD和中关村延庆园，它们将成为延庆绿色建筑高质量建设的重要平台。其中，延庆RBD将建设成为集旅游休闲、冰雪体育、文化展览、商业娱乐、商务办公、优质人居于一体的休闲度假商务区，中关村延庆园将建设成为北京首个100%绿电示范园区。

3）既有建筑节能绿色化改造有序推进

截至2022年，延庆地区2000年以前的老旧小区既有居住建筑完成608栋楼节能改造任务，共计274.07万m²。已基本完成2000年底前建成需改造的城镇老旧小区改造任务。公共建筑累计完成节能绿色化改造25.82万m²。

图 6-1　世园会中国馆

图 6-2　延庆山澜阙府社区

4）生态本底优势突出助力建筑绿色宜居建设

延庆区拥有"七山一水两分田"的生态本底，山青水净，天朗气清，也是北京市生物多样性最丰富的生态涵养区。2022年全区绿化覆盖面积1545.84hm^2，绿化覆盖率53.62％。2022年城市道路绿化率和水岸绿化率均达到100％，人均公园绿地面积45.78m²，全市领先。高绿化率带来了高品质的空气，$PM_{2.5}$、PM_{10}、二氧化硫、二氧化碳、一氧化碳、臭氧六项空气质量综合指数全市第一，适游期负氧离子浓度接近3000个/cm³，为实现高品质建筑室内空间环境创造先天优势。体育设施较为完善，人均公共体育用地、体育场地面积均排名全市第一。区内河流清澈，水质达标，为居民生活提供了安全保障。同时，延庆区注重水资源保护，采取有效措施防止水污染，确保水质长期保持优良。在建筑无障碍设施方面，延庆区的建设成果显著、颇具特色。在公园、博物馆等景点设置了无障碍观景台、轮椅租赁服务等，提升了建筑、文旅等场所的无障碍设施水平。

6.1.3　面临挑战

1）高星级绿色建筑规模和占比具有较大提升空间

除少数市级、区级重点建筑拥有高星级绿色建筑外，延庆区当前既有建筑普遍星级水平不高。现状取得绿色一星级、二星级、三星级的建筑总面积约721.31万m²，仅约占存量建筑面积的19.6％。同比北京市其他区域，延庆区未来有较大提升空间。

2）既有公共建筑节能绿色化改造存量较大

目前延庆区内存在较多建设年代较远、节能绿色化水平不高的公共建筑。这些公共建筑普遍存在围护结构热工性能差、机电设备设施老旧且运行能效低下、物业运营管理水平落后等问题，整体建筑运行能耗对比同类型新建建筑普遍较高，未来进行节能绿色化改造提升的需求较大。

3）建筑数字化智能化运行管理平台建设水平有限

既有建筑中，建筑数字化、智能化运行管理平台建设整体水平不高，大部分既有公共建筑仍处于纯人工手动控制的粗放型管理模式，建筑能耗、碳排放监测与管控系统尚未建立。

4）其他挑战

另外，延庆还存在建筑垃圾综合化利用水平不够、建筑及社区再生水利用量不大、公共建筑内部空间健康设施普及率不高、供热系统中新能源和可再生能源供热装机占比不高等问题，均亟待解决。

6.2 建设目标

6.2.1 总体要求

《习近平生态文明思想学习纲要》中指出，坚持党对生态文明建设的全面领导，坚持生态兴则文明兴，坚持人与自然和谐共生，坚持绿水青山就是金山银山，坚持良好生态环境是最普惠的民生福祉，坚持绿色发展是发展观的深刻革命，坚持统筹山水林田湖草沙系统治理，坚持用最严格制度最严密法治保护生态环境，坚持把建设美丽中国转化为全体人民自觉行动，坚持共谋全球生态文明建设之路；绿色发展是生态文明建设的必然要求，是解决污染问题的根本之策。

《习近平关于城市工作论述摘编》中指出城镇化是涉及全国的大范围社会进程，一开始就要制定并坚持好正确原则；一是以人为本，二是优化布局，三是生态文明；能否形成符合当地实际，体现资源禀赋、文化特色的城市发展空间结构、规模结构、产业结构，直接关系城市发展全局。

延庆区以习近平新时代中国特色社会主义思想为指导，深入贯彻党的二十大精神，全面贯彻习近平生态文明思想，完整准确全面贯彻新发展理念，着力推动高质量发展，坚持节约优先、问题导向、系统观念，以碳达峰碳中和工作为引领，加快提升建筑领域绿色低碳发展质量，形成凸显延庆特色的节能降碳、绿色宜居、智慧数字的高品质绿色建筑体系。

1）以人为本，绿色低碳

坚决贯彻以人民为中心的发展思想，始终把人民利益放在首位，始终把绿色低碳的理念贯穿到绿色建筑全生命周期过程中，让人民群众享有更多的绿色福祉。

2）发挥特色，适度补短

充分利用延庆资源禀赋，突出延庆天然氧吧、可再生能源、三张"金名片"、延庆RBD和延庆中关村绿电示范园区建设等优势资源，将绿色建筑建设与优势资源结合起来，凸显延庆特色。对于存在一定问题的短板，进行适度的补充，逐步完善延庆绿色建筑体系。

3）创新驱动，产业发展

引进国际国内先进理念和实践，积极推进绿色建筑技术与产品创新，提升绿色建筑水平，推动绿色建筑相关产业的快速发展。

4）统筹规划，分步实施

根据城市发展和产业战略，合理制定绿色建筑发展计划。整体谋划，分步实施，确保建设目标稳步推进，助力城市经济和产业加快发展。

6.2.2 建设目标

以人为本、绿色低碳，根据延庆资源禀赋特色，加快推动建筑节能降碳，持续提高建筑能源利用效率、降低碳排放水平，有序提升建筑智慧数字与健康舒适水平，不断提升延庆绿色建筑高质量发展水平，助力延庆成为国际一流的生态文明示范区（表6-1）。

延庆区绿色低碳城市建设方案绿色建筑建设目标表　　　　　　表6-1

序号	指标	现状数值（2022年）	2025年建设目标	2030年建设目标	2035年建设目标
1	绿色低碳高品质建筑（万m²）	20.75	35	规模化建设	全面高水平发展
2	新增既有公共建筑节能绿色化改造面积（万m²）	4.4	7	规模化改造	全面高水平改造
3	新建民用建筑中二星级及以上绿色建筑的面积占比（%）	76	新建居住建筑达到100%，新建公共建筑力争100%	100	100

1）2025年目标

绿色低碳高品质建筑35万m²，有序推进既有公共建筑节能绿色化改造面积比2022年新增7万m²，新建建筑中居住建筑执行绿色建筑二星级及以上标准，新建公共建筑力争全面执行绿色建筑二星级及以上标准，稳步提升全区建筑绿色低碳建设水平。

2）2030年目标

绿色低碳高品质建筑实现规模化发展，进一步推进既有公共建筑节能绿色化规模化改造，新建民用建筑全面执行绿色建筑二星级及以上标准，进一步提升全区建筑绿色低碳建设水平。

3）2035年目标

绿色低碳高品质建筑实现进一步高水平发展，全面推进既有公共建筑节能绿色化改造，全面提升全区建筑绿色低碳建设水平。

6.3 指标体系

6.3.1 指标构建

　　以习近平生态文明思想为指导方针，按照习近平关于城市工作论述的相关要求，根据《加快推动建筑领域节能降碳工作方案》《"十四五"循环经济发展规划》《北京市碳达峰碳中和科技创新行动方案》《北京市建筑绿色发展三年行动方案（2023—2025 年）》《北京市建筑绿色发展条例》《北京市民用建筑节能降碳工作方案暨"十四五"时期民用建筑绿色发展规划》《北京市"十四五"时期城市更新规划》《北京市"十四五"时期生态环境保护规划》《北京市"十四五"时期供热发展建设规划》《北京市可再生能源替代行动方案（2023—2025 年）》《延庆区"十四五"规划纲要》《延庆区"十四五"时期住房建设规划》等相关政策、法规，参考《绿色建筑评价标准》GB/T 50378、《健康建筑评价标准》T/ASC 02—2016 等相关规范、标准，对标湖州、北京城市副中心、深圳、雄安新区等优秀城市在绿色建筑指标体系构建上的先进经验，结合延庆资源禀赋与特色，形成延庆区节能降碳、绿色宜居、智慧数字三个维度共计 11 项的绿色建筑指标体系。同时，综合考虑上位政策标准要求、延庆实际情况、经济造价影响等因素，形成先进且合理的指标赋值。

对标城市	指标名称
湖州	建筑节能率
	新建高星级绿色建筑占比
	新建装配式建筑占比
	绿色建材应用比例
	既有建筑节能改造
	新建城镇可再生能源利用率
	屋面光伏覆盖率
北京城市副中心	绿色星级建筑占比
	超低能耗建筑
	绿色建造
	绿色建材应用
	既有建筑绿色化改造
	绿色智能化监控
深圳	能耗在线监测系统
	超低能耗建筑技术体系
	绿色建材应用
	建筑废弃物综合利用率
	装配式建筑
	建筑节能率
	既有建筑节能改造
	屋面光伏覆盖率
雄安新区	建筑节能
	超低能耗建筑规模
	既有建筑改造
	绿色建筑星级
	装配式建筑
	屋顶光伏覆盖率
	城镇建筑可再生能源利用率

基本指标
◆ 新建高星级绿色建筑占比
◆ 超低能耗、近零能耗建筑
◆ 既有建筑节能改造
◆ 新建装配式建筑占比
◆ 建筑节能率
◆ 绿色建材应用
◆ 生活饮用水水质达标率
◆ 建筑垃圾综合化利用率
◆ 公共建筑无障碍设施建设率

特色指标
1）优势资源禀赋
● 新建大型公共建筑主要功能房间室内 $PM_{2.5}$ 年均值
● 新建 20000m³/h 以上新风量的公共建筑排风热回收量比例
2）创新引领与产业发展
● 能耗监测检测系统
● 新建公共建筑重点空间实时监测及展示
● 独立地块新建办公建筑中室内健身空间面积占比
3）政策要求
● 新建城镇可再生能源利用率
● 新建建筑中的耦合供热系统中新能源和可再生能源供热装机占比

图 6-3　绿色建筑指标构建示意图

6.3.2 指标体系(表6-2)

延庆区绿色低碳城市建设方案绿色建筑主要指标表 表6-2

指标分类	序号	指标名称	指标要求	指标类型
节能降碳	1	新建城镇建筑可再生能源利用比例	≥10%	引导型
	2	新建建筑中的耦合供热系统中新能源和可再生能源供热装机占比	≥60%	引导型
	3	新建20000m³/h以上新风量的公共建筑排风热回收量比例	≥25%	约束型
	4	新建建筑中装配式建筑占比	≥55%	约束型
	5	建筑垃圾综合化利用率	≥60%	引导型
绿色宜居	6	新建大型公共建筑主要功能房间室内$PM_{2.5}$年均值	≤25μg/m³	引导型
	7	生活饮用水水质达标率	100%	约束型
	8	独立地块新建办公建筑中室内健身空间面积占比	≥3%,且不小于60m²	引导型
	9	公共建筑无障碍设施建设率	100%	引导型
智慧数字	10	新建建筑能碳管理平台覆盖率	100%	引导型
	11	新建公共建筑重点空间实时监测及展示	室内温度、湿度、$PM_{2.5}$、PM_{10}、二氧化碳、一氧化碳、负氧离子浓度等	引导型

6.3.3 指标说明

1)新建城镇建筑可再生能源利用比例

新建城镇建筑的供暖、通风、空调、照明、生活热水、电梯系统中,风能、太阳能、生物质能、地热能等可再生能源利用量占能源需求量的比例。

2)新建建筑中的耦合供热系统中新能源和可再生能源供热装机占比

新建建筑中,供热系统如采用耦合供热系统,新能源和可再生能源装机容量占总供热装机容量的比例。该指标在《北京市"十四五"时期供热发展建设规划》《北京市可再生能源替代行动方案(2023—2025年)》中有要求。

3)新建20000m³/h以上新风量的公共建筑排风热回收量比例

新风需求量在20000m³/h以上的新建公共建筑中,排风热回收风量占总新风量的比例。

4）新建建筑中装配式建筑占比

新建建筑中装配率按《装配式建筑评价标准》DB11/T 1831计算满足北京市要求的装配式建筑面积占总建筑面积的比例。

5）建筑垃圾综合化利用率

建筑垃圾处理过程中，通过回收、再利用或资源化等方法，将建筑垃圾转化为可再利用的资源或材料的比例。

6）新建大型公共建筑主要功能房间室内PM$_{2.5}$年均值

新建建筑面积大于2万m^{2}的大型公共建筑中办公室、商店、教室等主要功能房间室内PM$_{2.5}$年均值。

7）生活饮用水水质达标率

一次供水及建筑二次供水水源水质满足《生活饮用水卫生标准》GB 5749要求的抽检达标率。

8）独立地块新建办公建筑中室内健身空间面积占比

独立地块的新建办公建筑中，室内健身空间的面积（包括健身器材、球类运动场地、瑜伽练习场地、游泳池等空间）占总建筑面积的比例。

9）公共建筑无障碍设施建设率

符合无障碍设计规范并配备相应无障碍设施的新建、改建或扩建公共建筑的比例。新建或改造项目要保证公共建筑基地与外部环境的无障碍衔接，保证公共建筑基地的场地和建筑内部空间均形成系统的无障碍环境。

10）新建建筑能碳管理平台覆盖率

新建建筑中，按楼栋设置分类（水、电、气、热）计量自动远传系统，且设置能碳管理系统实现对建筑能耗及碳排放进行监测、分析和管理的项目占比。

11）新建公共建筑重点空间实时监测及展示

新建公共建筑中，对室内人员密集的公共区域（如大厅、会议室、多功能厅等重点空间）的空气质量、热湿环境等进行监测及显示，包括PM$_{2.5}$、PM$_{10}$、二氧化碳、一氧化碳浓度，温度，湿度等。

6.4 行动方案

基于延庆高品质绿色建筑建设目标与指标要求，结合延庆实际，布局五个方面各项重点任务，落地实施各项具体措施，加快推进延庆建筑绿色高质量发展。

6.4.1 重点推动绿色低碳高品质建筑建设

1）任务措施

《北京市"十四五"时期生态环境保护规划》要求积极推广绿色建筑；推进城镇新建建筑达到绿色建筑一星级及以上标准，新建政府投资的公益性建筑及大型公共建筑达到绿色建筑二星级及以上标准；冬奥会新建室内场馆、城市副中心新建公共建筑、核心区新建建筑达到绿色建筑三星级标准；到2025年，新建居住建筑力争达到绿色建筑二星级及以上标准，建成一批高质量绿色建筑示范项目；推广超低能耗建筑，在具备条件的园区、街区，推动超低能耗建筑集中连片建设，全市累计推广规模达到500万㎡以上。《北京市延庆区碳达峰实施方案》明确提出：大力发展节能低碳建筑；高标准执行建筑节能标准，到2025年，新建居住建筑执行绿色建筑二星级及以上标准，新建公共建筑力争全面执行绿色建筑二星级及以上标准；到2025年，累计推广超低能耗建筑规模达到3.23万㎡。

本项任务措施包括加快推进高星级绿色建筑、装配式建筑、超低能耗建筑、近零能耗建筑、低碳建筑、零碳建筑等高品质绿色建筑[1]，到2025年，绿色低碳高品质建筑达到35㎡；积极打造高品质绿色建筑示范工程，大力推动重点建筑获取国际国内绿色低碳领域的先进示范与荣誉标签；长城景区建筑周边要弘扬长城文化，讲好长城故事，保护长城整体风貌，全面打造为绿色低碳高品质建筑，2025年高标准建成中国长城博物馆。

2）推荐技术——BIPV发电技术

光伏发电是可再生能源应用的重要组成部分。BIPV（Building Integrated PV）是光伏建筑一体化。BIPV技术是将太阳能发电（光伏）产品集成到建筑上的技术。BIPV将光伏组件融入建筑，一体性较好，整体美观，适合大多数建筑。目前应用于BIPV的光伏组件主要有单晶硅组件和柔性薄膜组件两种，应用的场景包括实体墙、立面幕墙、采光顶、不透光屋顶、阳台、外遮阳、雨棚车棚等。BIPV建筑物能为光伏系统提供足够的面积，不需要另占土地，还能省去光伏系统的支撑结构；太阳能硅电池是固态半导体器件，发电时无转动部件，无噪声，对环境不会造成污染；BIPV建筑可自发自用，减少了电力输送过程的费用和能耗，降低了输电和分电

---

[1] 高品质绿色建筑是凸显节能降碳、绿色人文、智慧数字等特色的建筑，包括高星级绿色建筑、装配式建筑、超低能耗建筑、近零能耗建筑、低碳建筑、零碳建筑等。

图6-4 世园会中国馆中的 BIPV

的投资和维修成本。而且日照强时恰好是用电高峰期，BIPV除可以保证自身建筑用电外，在一定条件下还可能向电网供电，舒缓了高峰电力需求，具有极大的社会效益。

延庆地区位于北京市西北部，太阳能资源丰富，日照数全年可达2800小时，水平面总辐照量为1648kW·h/m²，是北京市太阳能资源最丰富的地区。这一特点使得延庆非常适合发展太阳能发电项目。《北京市延庆区碳达峰实施方案》中要求，新建公共机构建筑、新建园区、新建厂房屋顶光伏覆盖率不低于50%。2025年1月1日实施的北京市地方标准《公共建筑节能设计标准》DB11/T 687—2024对公共建筑的光伏系统规模提出要求：公共建筑应有不少于全部屋面水平投影面积40%的屋面或南向墙面设置光伏发电系统。在上位规划和地方标准的加持下，建筑光伏系统应用迎来了新的机遇。BIPV技术作为光伏系统与建筑围护结构有机结合的先进技术，必将助力光伏产业在延庆的稳步推广，提升城镇建筑可再生能源应用比例。BIPV技术已在延庆地区的世园会中国馆等绿色建筑中有了良好的示范应用，详见世园会中国馆专栏。

世园会中国馆

中国馆作为2019北京世界园艺博览会的标志性建筑，地处山水园艺轴中部，北侧为妫汭湖及演艺中心，西侧为山水园艺轴及植物馆，东侧为中国展园及国际路，南侧为园区主入口。

　　项目用地面积48000m²，总建筑面积23000m²，其中地上建筑面积为14902m²，地下建筑面积为8098m²。项目由序厅、展厅、多功能厅、办公区、贵宾接待区、观景平台、地下人防库房、设备机房、室外梯田等构成。展厅以展示中国园艺为主。

　　建筑选择耐久性好、生产加工技术成熟的建筑材料。屋架采用转印木纹铝板，保证效果，节省造价，且具备自洁性，便于后期清洁维护。建筑基座的梯田部分，垂直面使用石笼墙，既具有自然生态的效果，又让人联想到长城砖，体现延庆特色。

　　建筑屋面采用了BIPV技术，上部屋盖采用双层围护，外部为光伏太阳能板和中空夹层玻璃，内为ETFE膜，达到节能标准。利用入口大厅南向屋顶幕墙安装太阳能光伏发电系统，采用"自发自用，余量上网"的模式，为中国馆的正常运营提供电力。在南向屋面上布置的上百块太阳能光伏板，凸显环保理念与现代性，为BIPV技术应用起到了很好的示范作用。融入钢构架与绿植系统，和谐共生，相得益彰。太阳能光伏板为半透明的金黄色，颜色在同一色系下有微弱差别变化，在展厅内洒下斑驳的光斑，如梦如幻。在斜构架下的室内加装ETFE膜，作为植物保温层，以适应延庆冬季长、气候寒冷的特点，减少建筑能耗，达到节能减排的目标。幕墙与内层膜之间的空气层在夏季及过渡季通过开启幕墙的可开启扇，进行通风，防止幕墙内表面的结露。冬季关闭可开启扇，并保持中间空气层密闭，设置独立的除湿通风系统，对空气层的空气进行循环除湿，防止因内部空气湿度过大出现结露。

图 6-5　世园会中国馆

英国贝丁顿社区

英国贝丁顿社区位于英国伦敦西南的萨顿镇，由皮博迪信托公司（the Peabody Trust）负责设计，占地1.65hm²，包括82套公寓和2500m²的办公和商住；是世界上第一个完整的生态社区，也是英国最大的零碳生态社区，被誉为人类的"未来之家"，如今已成为世界低碳建筑领域的标杆式先驱。作为典型的绿色生态建筑群，贝丁顿"零能源"理念自始至终贯穿于社区的规划、设计、建筑、环保等诸多硬件上，更体现在它所推崇的绿色文化、环境道德和完善的环境管理体制的建立上。实践证明，在实现社区与建筑低碳和可持续的同时，居民也获得了高品质的居住环境及体验。

该社区建筑运用的绿色技术主要包括以下几个方面。

1）能源利用与节能设计

太阳能利用：通过安装太阳能电池板来为社区提供电力。这些电池板被精心地安装在建筑物的屋顶和向阳面上，以最大限度地吸收太阳光并转化为电能。

高效能源系统：社区采用高效的能源系统，包括热电联产系统和生物质锅炉系统，为社区居民提供生活用电和热水；这些系统能够有效地利用能源，减少能源浪费，并提高能源利用效率。

节能建筑设计：贝丁顿社区的建筑采用高密度的建筑布局和紧凑相邻的设计，以减少建筑物之间的热损失；同时，建筑墙壁厚度超过50cm，采用内充氩气的三层玻璃窗，以及采用风帽技术等，都是为了最大限度地从太阳光中吸收热量，并实现节能减排。

2）水资源管理与节水措施

雨水收集与利用：建立了完善的雨水收集系统，将雨水进行收集和再利用；这些雨水经过处理后，可用于冲洗厕所、灌溉植物等，从而减少对自来水的依赖。

节水型设施：社区倡导使用节水型设施，包括节水马桶、节水淋浴喷头等；这些设施能够有效地减少水的消耗量，降低水资源浪费。

3）环保材料与可持续建筑实践

环保建筑材料：贝丁顿社区在建筑材料的选择上注重环保性；大量使用回收或再生的建筑材料，如废弃火车站拆下来的钢材和木材等；这些材料不仅具有环保性能，还能减少对新材料的需求，降低资源消耗。

就地取材策略：社区秉承就地取材的理念，尽量使用当地可获得的建筑材料；

这样做不仅减少了长途运输的能耗和碳排放，还促进了当地经济的可持续发展。

图6-6 英国贝丁顿社区

6.4.2 有序推进既有建筑节能绿色化改造

1）任务措施

《北京"十四五"时期城市更新规划》提出：逐步推进老旧建筑节能改造，降低建筑能耗，提高可再生能源利用水平，将传统建筑转变为产能建筑，老旧小区改造结合电动车峰谷储电，实现"微能源"社区创建；持续推动住宅节能改造，提升建筑性能，降低既有建筑能耗，打造宜居住房，推进碳达峰、碳中和工作进程。《北京市延庆区碳达峰实施方案》明确提出：深入推进既有建筑节能改造，继续实施老旧小区改造、农宅抗震节能等项目，提高居住建筑节能水平；强化公共建筑能耗运行监管，推进公共建筑节能改造；到2025年，完成26.54万m^2公共建筑节能改造。

本项任务措施包括建立既有建筑节能绿色化改造长效机制，在城市更新中持续推进建筑节能绿色化改造，到2025年，新增既有公共建筑节能绿色化改造面积7万m^2；有序推进既有公共建筑节能绿色化改造工作，积极提升建筑外围护保温性能和设备机电系统效率，持续推进建筑能效提升和碳排放量降低；继续实施老旧小区改造，重点提高建筑门窗、外墙保温、内墙隔声等关键部位部品的性能，至2025年，全部完成2000年底前建成需改造的城镇老旧小区改造任务，后续按照上位管理要求，持续推进城镇老旧小区改造任务。

图 6-7　中关村（延庆）体育科技前沿技术创新中心

2）推荐技术

（1）外墙内保温系统

在建筑节能改造中，外墙保温是提高建筑能效的重要措施之一。根据不同地区的气候条件和建筑结构，因地制宜地采用内外保温技术可以提升建筑的整体能效。延庆地区属于寒冷地区，新建建筑以外墙外保温系统为主，但对既有公共建筑进行节能改造，需要保留外立面，无法采用外墙外保温系统时，可采用外墙内保温系统。外墙内保温系统是指在建筑外墙结构的内部加做保温层，以减少能源消耗和提高室内舒适度。这种技术通过在外墙内侧添加保温材料，如膨胀珍珠岩板、EPS板、石膏聚苯板、真空绝热板等复合板等，来阻挡室外冷热空气对室内的影响，从而达到保温隔热的效果。外墙内保温系统技术的优点包括施工速度快、技术成熟、造价较低，且升温（降温）较快，适合间歇性供暖的房间使用。缺点是占用室内空间、容易导致内外墙出现温度差异造成裂缝等。

（2）高性能外窗

高性能外窗是一种在能源效率、舒适度和环境兼容性方面表现卓越的建筑窗系统。这些窗户不仅提供良好的视觉效果和耐久性，还能显著提升建筑的整体能源性能；通常配备多层玻璃和专门设计的隔热框架。这些窗户能有效减少热量的传导，帮助维持室内温度稳定，从而降低暖气和空调的需求。低辐射（Low-E）涂层是高性能窗户中常用的技术。这种涂层可以反射红外辐射，防止室内热量散失，同时允许可见光通过，减少对室外光线的依赖。高性能外窗设计有良好的气密性能，减少了冷气的渗入和热气的逸出，从而提高室内的舒适度和减少能源消耗。这些窗户通常也具备较高的声学性能，能够有效阻隔噪声，为居住者提供一个安静的室内环境。高性能外窗采用高质量的材料和先进的制造工艺，具有较强的耐久性和耐候性，能够抵抗极端天气条件和日常磨损。高性能外窗广泛应用于住宅、商业建筑和公共设施中，旨在提高建筑的能源效率、居住舒适度和环境适应性。

对于延庆区，冬季室内外温差比北京市其他区大，提高外窗的热工性能，特别是降低外窗的综合传热系数，对降低延庆地区建筑冬季供暖负荷，提高室内热舒适度有显著效果。高性能外窗势必成为延庆地区高品质绿色建筑中提升能源效益和舒适度的重要元素。

北京市建筑设计研究院股份有限公司C座科研楼改造

北京市建筑设计研究院股份有限公司C座科研楼改造项目位于北京市西城区南礼士路62号北京市建筑设计研究院有限公司院区内，由北京市建筑设计研究院股份有限公司设计，建筑面积8650m²，其更新改造具备以下特色：C座科研楼改造项目因地制宜，采用了适用于既有建筑本身的综合建筑改造方案，项目采用高性能围护结构（内外结合的外墙保温体系）、安全性改造加固、可再生能源利用、高效新风热回收系统、智慧建筑操作系统等关键技术，以被动式和主动式的综合改造措施最终实现了既有建筑超低能耗的设计目标，并在运维阶段通过系统运维进一步优化建筑能耗，实现低碳、绿色的改造目标。本项目为国内第一个既有公共建筑超低能耗改造项目，并获得了中国建筑节能协会"近零能耗建筑"认证、既有建筑改造国家绿色建筑三星级、USGBC 美国绿色建筑 LEED 铂金级、IWBI 美国健康建筑 WELL 铂金级、国家健康建筑三星级等认证。

图 6-8 北京市建筑设计研究院股份有限公司 C 座科研楼

6.4.3 大力提升建筑全过程全方位节能降碳水平

1）任务措施

《北京市"十四五"时期生态环境保护规划》要求：强化建筑运行能耗管理；推进建筑绿色发展条例立法；推动供热系统全面提效，研究制定供暖系统重构方案和供暖系统节能改造方案，大力推广供热分户计量和末端智能化控制，提升供热设备能效，减少供暖能耗，到2025年，单位建筑面积供暖能耗下降10%左右。《北京市延庆区碳达峰实施方案》明确提出：全面推广绿色建材，大幅提高应用比例；进一步发展超低能耗建筑、装配式建筑，打造绿色建筑、绿色住（农）宅、绿色社区；优化建筑用能结构，深化可再生能源建筑应用，新建政府投资工程至少使用一种可再生能源；新建公共机构建筑、新建园区、新建厂房屋顶光伏覆盖率不低于50%，供热优先采用地热能、空气热能等可再生能源。

本项任务措施如下。

优化建筑用能结构，深化可再生能源建筑应用，新建城镇建筑可再生能源利用率达到10%以上。大力提升新建公共机构建筑、新建园区、新建厂房屋面光伏覆盖率，鼓励采用BIPV方式，提高光伏安装容量；鼓励既有公共建筑、既有园区、中关村延庆园等既有厂房大力开展屋面太阳能系统建设；结合延庆风貌特色，提升光伏设计美观度，实现建筑光伏与延庆整体风貌的统一协调；鼓励建设安全高效的储能装置，提高新能源消纳能力。推广空气源、地源、水源热泵等可再生能源在建筑中的利用，提升新建建筑耦合供热系统中新能源和可再生能源供热的装机占比60%以上。充分发挥本底气候优势，新建20000m³/h以上新风量的公共建筑排风热回收量占总新风量的比例不低于25%。

大力推进建筑绿色低碳建造。进一步发展装配式建筑，逐步提升装配式建筑占新建建筑面积的比例。新建建筑中装配式建筑占比55%以上。推进建筑全装修应用，新建建筑全面实施全装修成品交房，提高装配式装修在保障性住房、商品住房和公共建筑中的应用比例。

扩大绿色建材应用比例，优先选用获得绿色建材认证标识的建筑材料，合理选用可再循环材料、可再利用材料和以废弃物为原料生产的利废建材。建筑垃圾综合化利用率60%以上。督促建设单位、施工单位建立建筑垃圾回收利用管理体系，鼓励建设单位采用更环保的建筑材料和技术，减少建筑垃圾的产生。

有序推进既有公共建筑节能绿色化改造工作，积极提升建筑外围护保温性能和设备机电系统效率，持续推进建筑能效提升和碳排放量降低。

2）推荐技术——排风热回收技术

绿色建筑的重要建设目标之一是为人们提供良好的室内空气质量，通风是保证室内空气质量最基本有效的手段。但在炎热的夏季和寒冷的冬季通风，由于室内外温差大，为保证室内热湿环境，需要对新风进行热湿处理，这一过程需要消耗大量的能源。如何解决室内空气质量和建筑节能之间的矛盾是实现建筑节能降碳必须解决的问题之一。利用室内排风的冷热量对新风进行热湿处理，是建筑节能降碳的有效手段。

北京市属于寒冷地区，冬季室内外温差大，利用排风热回收装置回收冷热量对新风进行预处理，承担部分空调新风负荷，可以有效降低建筑能耗。延庆地区位于北京市西北部，冬季室外气温相对于北京其他城区低3℃以上，排风热回收技术的节能效果更佳。对于设置集中新风空调系统的建筑，可以在新风系统中设置全热回收装置或显热回收装置。对于没有设置集中新风系统的情况，可设置分散的热回收新风换气机满足排风热回收。

金茂绿创中心

金茂绿创中心项目位于北京市朝阳区来广营乡，来广营西路以南，京承高速路以东。总建筑面积13050m²，主要功能为商业办公、餐饮和车库等。该项目坚持以人为本和绿色、健康的设计理念，充分考虑北京地区城市生态环境因素，营造典雅大方、安全便捷、尺度宜人并别具特色的场所空间与可持续发展的办公环境。该项目还创新性地将被动式超低能耗建筑技术与金茂独创的"五恒"科技系统相结合，实现室内空间的恒温、恒湿、恒氧、恒净和恒静的特点，达到室内一级舒适标准，能耗水平比国家现行建筑节能标准再节能60%以上。项目采用性能化设计思路和方法，优化围护结构保温、隔热、遮阳、能源系统等关键设计参数，最大限度地降低建筑供暖供冷需求，满足被动式超低能耗建筑的各项指标要求。项目中应用的转轮式新风热回收机组，排风热回收效率高达75%，是实现超低能耗目标的重要应用技术。本项目获得了中国被动式超低能耗绿色建筑标识、国家绿色建筑三星级、USGBC美国绿色建筑LEED铂金级、IWBI美国健康建筑WELL铂金级等认证。

图 6-9　金茂绿创中心

6.4.4 全面凸显建筑绿色宜居要求

1）任务措施

《北京市建筑绿色发展条例》提出北京市建筑绿色发展遵循的基本要求之一是坚持以人民为中心，提升建筑安全耐久、健康舒适、便利宜居等综合性能，兼顾绿色低碳技术应用的适用性与经济性。

本项任务措施如下。

全面提升新建民用建筑中高星级绿色建筑的面积占比。到2025年新建民用建筑中二星级及以上绿色建筑的面积占比中居住建筑达到100%，公共建筑力争达到100%。到2030年，新建民用建筑全面执行绿色建筑二星级及以上标准。

大型公共建筑积极发挥延庆高品质空气质量优势，主要功能空间可采用高效新风系统等技术，提升建筑室内空气品质，凸显延庆空气质量特色。新建大型公共建筑主要功能房间室内$PM_{2.5}$年均值不大于$25\mu g/m^3$。

持续保障市民生活饮用水品质，生活饮用水水质达标率100%。加强新建建筑二次供水系统的设计与施工监察力度，更新改造既有建筑中落后的供水设施，完善水质检测消毒机制，进一步提升二次供水系统水质稳定性。

加强全民健身场地设施建设，持续优化全民健身功能布局，重点加强独立地块新建办公楼等重要公共建筑的健身空间建设。独立地块新建办公建筑室内健身空间面积占比不少于3%，且不小于60m²。

　　持续推进老旧小区综合整治中居住区无障碍改造，居住建筑出入口设置无障碍坡道与轮椅回转空间，具备条件的老旧住宅楼积极推动加装电梯。公共建筑无障碍设施建设率100%。

图 6-10　节能改造后的小营石河营老旧小区

2）推荐技术——新风高效过滤技术

　　新风高效过滤，是指利用一系列高效过滤器将室内空气中的污染物彻底除去，从而保证室内空气质量的清洁、健康。新风系统不仅可以实现室内空气的循环、净化，还可以在室外环境好的情况下通过新风进风口将干净的空气送进室内，实现室内外空气的对流，提高室内空气质量。新风高效过滤器可以去除细菌、病毒、PM$_{2.5}$等有害物质，过滤效率高达99.9%，保证室内空气的清洁、健康。目前常用的高效过滤技术包括HEPA高效过滤技术、静电集尘技术、活性炭吸附技术等。其中HEPA高效过滤技术广泛适用于集中新风机组和分散新风换气机，静电集尘技术主要用于集中新风机组。

　　延庆地区作为北京市首个"中国天然氧吧"，室外空气品质良好，PM$_{2.5}$、PM$_{10}$、二氧化硫、二氧化碳、一氧化碳、臭氧六项空气质量综合指数全市第一。截至2023年室外年平均PM$_{2.5}$浓度仅为30μg/m³，室内重点区域仅需在新风系统中设置高效过滤器，进一步降低送入室内新风中PM$_{2.5}$的浓度，即可完成房间室内PM$_{2.5}$年均值不大于25μg/m³的目标。

建发望京养云住宅项目

建发望京养云住宅项目位于北京市朝阳区南皋路南，影视城西路以东，总建筑面积约 10 万 m²，其中地上建筑面积约 7 万 m²，地下建筑面积 3.5 万 m²。本项目为 2020 年启动的首批北京市高标准住宅项目之一，采用建筑师负责制工作模式，以项目设计负责人（注册建筑师）为核心的设计团队，依托所在的企业为实施主体，依据合同约定，对建筑工程全过程或部分阶段提供全寿命周期设计咨询管理服务。项目采用绿色建筑三星、健康建筑、装配式建筑和超低能耗建筑设计标准；采用了符合绿色建筑认证的涂料、瓷砖、木地板、防水卷材等建材，装配全集成设计的装配式厨房和卫生间、高效新风系统等绿色技术和措施。本项目采用了除霾新风过滤装置有效过滤室外 $PM_{2.5}$、PM_{10} 等污染物，同时增强围护结构的气密性，降低室外颗粒物向室内穿透。为了保证除霾措施的有效，设置了室内空气污染物浓度检测系统，每 10～15 分钟采集一次室内污染物浓度，保证室内 $PM_{2.5}$ 年均浓度不高于 25μg/m³，且室内 PM_{10} 年均浓度不高于 50μg/m³。采用成品水箱、供水水源设置紫外线消毒器等措施保证二次供水水质全面满足现行国家标准《生活饮用水卫生标准》GB 5749 的要求。采用设置隔振器、软连接等隔振降噪措施，使得主要功能房间噪声级别达到现行国家标准《民用建筑隔声设计规范》GB 50118 中的高要求标准限值。应用 PKPM 软件优化采光设计，使主要功能

图 6-11　建发望京养云住宅

房间卧室、起居室、卫生间等不舒适眩光指数（DGI）最大值均小于27，主要功能房间有减少或避免阳光直射、采用室内外遮挡设施、窗周围的内墙面采用浅色饰面等措施控制眩光，符合现行国家标准《建筑采光设计标准》GB 50033 中控制不舒适眩光的相关规定。

6.4.5 稳步提升建筑数字智慧管理水平

1）任务措施

2023年2月27日，中共中央、国务院印发了《数字中国建设整体布局规划》，明确了数字中国建设按照"2522"的整体框架进行布局，即夯实数字基础设施和数据资源体系"两大基础"，推进数字技术与经济、政治、文化、社会、生态文明建设"五位一体"深度融合，强化数字技术创新体系和数字安全屏障"两大能力"，优化数字化发展国内国际"两个环境"。《北京"十四五"时期城市更新规划》中提出：鼓励老旧楼宇低碳节能、智慧数字改造，助力推进碳中和。

本项任务措施如下。

推动人工智能、大数据、物联网、5G和区块链等新一代信息技术加速向建筑领域融合渗透。推广建筑信息模型（BIM，Building Information Modelling）在勘察、设计、施工和运营管理等多场景应用。推动建筑数字化智能化运行管理平台建设，提升建筑数字智慧管理水平。新建建筑能碳管理平台覆盖率100%，鼓励新建建筑能碳数据按楼栋监测全覆盖、按产权单位监测全覆盖、可再生能源系统产能监测全覆盖。鼓励既有园区、既有公共建筑、既有厂房等的能碳管理平台建设，积极推动城市更新与建筑节能改造过程中建设能碳管理平台。

新建公共建筑的公共大厅等重点空间实时监测及展示重点空间的室内温度、湿度、$PM_{2.5}$、PM_{10}、二氧化碳、一氧化碳、负氧离子等环境参数。将新建公共建筑的实时监测与展示主要环境参数要求纳入项目规划设计、建设和运行管理要求中。

2）推荐技术

（1）全过程数字建设

全过程数字建设是指在工程项目的设计、施工、验收和运维等全生命周期中，通过数字化手段进行管理，实现数据集成、信息共享和协同，从而提高工程项目的管理效率和建设质量。全过程数字建设是国家推进数字中国建设的重要组成部分。

传统工程建设一般由设计单位前期完成图纸绘制，再交由施工单位按照设计图纸进行施工。这种方式容易造成"信息错差"，设计单位对实体施工过程的考虑不够充足，施工单位对设计理念的理解不充分，经常导致返工、资源错配、功能折减等问题，进而影响建设周期。全过程数字建设以BIM为核心技术，概念设计方案为基础，具体施工内容先在虚拟空间进行仿真推演，利用虚拟建造进行多方案优化比选，经充分论证后，才由虚向实转变为实体施工。这种创新的智能建造方式将最大程度解决传统建设中存在的问题，突破资源浪费、投资失控、信息孤岛、功能折减等传统建筑业瓶颈问题。

在延庆地区建设的高星级的绿色建筑中，大部分在设计和施工阶段应用了BIM技术，建筑数字化进程取得了一定的成绩。但目前全过程数字建设的项目并不多，今后通过政府、设计单位、建设单位各方的共同努力，进一步推进全过程数字化建设，使这一新型建设模式能够更有效地提高建筑类工程建设项目的建设效率。

（2）能碳数字平台

能碳数字平台是首个以能碳管理为核心目标的建筑/园区智慧综合管理系统，可无缝融合各个运营管理系统，是基于智慧建筑/园区发展理念搭建的一体化"1+1+N"的综合管理平台，涵盖智慧运营中心、能碳管理系统以及整体弱电基础设施建设、各运营管理系统。能碳管理系统，提供数字运维阶段的降耗降碳的技术手段的应用，包括节能应用管理、计算机辅助仿真优化、能碳管理三大部分。节能应用管理涵盖了公区、客房、公寓场景类型，以及照明、暖通、新风/通风、环境空气质量等垂直应用。满足对应用系统的按需自动场景控制与电气化节能控制要求，通过AI节能策略应用与自优化，大幅降低运维阶段的无谓能耗。计算机辅助仿真优化涵盖了楼宇自控、建筑/园区优化控制、智慧楼宇管理系统等，通过对实际运行状态的不断采集、诊断、优化，持续保持建筑/园区最优的能源管理策略。能碳管理涵盖配电室、空调房、锅炉房、动环机房等的无人值守管理、绿能管理、微电网调度以及能效监管等，实时监测建筑/园区的能耗与碳排放，并不断持续优化管理策略；满足对能源使用、控制、分析的节能降碳的管理需求；结合节能应用管理，动态按需调配能源使用，降低运行能耗。

延庆地区的既有建筑中，建筑数字化、智能化运行管理平台建设整体水平不高，大部分既有公共建筑仍处于纯人工手动控制的粗放型管理模式，建筑能耗、碳排放监测与管控系统尚未建立。希望能碳数字平台的建设，能够促进延庆地区建筑行业对碳排放的监测和管理，有效提高智能运维水平，助力建筑行业节能减碳事业。

张家湾设计小镇怡禾生物园区工程

张家湾设计小镇怡禾生物园区工程位于北京城市副中心11组团张家湾设计小镇中北部区域，北侧毗邻城市绿心，西侧紧邻张家湾古镇。项目规划总建筑规模约3.8万m^2，其中地上2.6万m^2，地下约1.2万m^2，提供各类客房约400间。为落实北京城市副中心绿色低碳发展要求，项目按照绿建三星标准规划建设。2022年4月中旬，北京市通州区住房和城乡建设委员会发布了《北京城市副中心建筑业数字化转型升级试点工作方案》，怡禾生物园区工程作为第一批试点工程，以全国首例建筑业数字化转型集成创新试点项目为目标，展开项目各项实施工作。项目采取全过程数字化方式开展建设，从设计阶段到施工阶段，再到运维阶段，所有的信息都在一个统一的模型中进行管理。以BIM为总线串联设计、施工、招采、运维等多个阶段，打通各个阶段数据的壁垒，最终实现设计单位、施工单位、监理单位、甲方和运营单位等多个角色在同一平台的高度协同和信息的共享。该项目应用了能碳数字平台，将项目中所有用能末端在统一的平台上进行监测、管理，采用先进的AI技术不断优化管理策略，满足对能源使用的监测、分析、控制和优化的需求。

图6-12 张家湾设计小镇怡禾生物园区工程

第7章

——管理
——创建无废城市，升级智慧水平

7.1 基础现状

7.1.1 基本情况

1）地热资源禀赋与开发利用

（1）浅层地热资源情况

第一，赋存条件。延庆区第四系为松散的冲积、洪积和风积物，与下伏地层呈不整合接触，主要分布在山前延庆盆地及河谷两岸，第四系厚度变化较大，山前一带沉积厚度在100m以内，盆地内第四纪沉积物最大厚度约800~1000m。延庆新城及冬奥场区周边区域第四系岩性主要为砂质黏土、黏质砂土、砾石、卵石、砂卵石，颗粒由山前至盆地中央由粗变细。区内深度150m以内浅地层平均温度约13.8℃，地温梯度值为2.65℃/100m。根据已有地埋管地源热泵项目统计分析，延庆地区换热孔夏季延米换热量平均值为64W/m，高值区主要位于延庆新城中部一带和永宁镇，夏季延米换热量一般在70W/m以上；张山营镇北部以及八达岭镇大浮坨地区、延庆新城的刘家堡等山前地带夏季延米换热量则相对较低，一般在60W/m以下。冬季延米换热量平均值为31W/m，延庆新城东五里营、张山营镇西五里营地区以及八达岭镇北部冬季延米换热量较高，一般大于35W/m，康庄镇中部、八达岭镇南部旧县镇及永宁镇南部冬季延米换热量较低。

第二，资源潜力。利用已有延庆新城及冬奥场区周边地热与浅层地热能资源勘查评价成果，将可布孔面积均按1万m^2进行估算，拟钻换热孔深度150m，建筑夏季制冷负荷指标为80W/m^2，冬季供暖负荷指标为110W/m^2，热泵系统夏季工况COP（能源转换效率比）取4.5，冬季工况COP取3.5，开发利用浅层地热能资源可满足延庆新城及冬奥区周边区域的制冷面积约23万m^2，供暖面积约14万m^2。

第三，分布情况。根据浅层地热能资源勘查评价及开发利用适宜性区划成果，延庆平原区浅层地热能开发利用适宜区主要分布于延庆新城、张山营镇和康庄镇等的大部分区域，第四系厚度一般大于150m，地层主要为砂卵砾石与砂、黏土互层，卵砾石层厚度较小，有效含水层厚度较大，地层结构相对均一，总体上地层可钻性和换热能力较好。较适宜区位于适宜区外的大部分地区，第四系地层厚度不等，岩性主要为砂、砂砾石层夹卵砾石，150m深度内卵砾石层厚度相对较大，近山区有个别钻孔在150m深度内钻遇基岩，相对地层可钻性一般，但具备较好的换热能力。

第四，开发利用现状。据不完全统计，截至2020年延庆区浅层地热能开发利用项目数量42个，实现供暖面积380万 m^2。其中，地埋管地源热泵项目16个，供暖面积330万 m^2；地下水源热泵项目 24个，供暖面积43万 m^2；再生水源热泵项目2个，供暖面积7万 m^2。开发利用项目以公共建筑为主，建筑类型包括办公楼和商业建筑、卫生建筑、教学建筑、住宅等，其中商业、住宅建筑所占比例较大，将近总服务面积的92%。

第五，开发利用前景。延庆区积极响应规划要求，落实能源发展重点任务。《延庆分区规划（国土空间规划）（2017年—2035年）》《延庆区"十四五"时期能源发展规划》指出立足区情，绿色发展；因地制宜地发展浅层地热能、太阳能等可再生能源，率先谋划和示范实现碳中和，探索出一条适合延庆的能源多元化、清洁化与低碳化绿色发展道路；到2035年，全区可再生能源供热比例达到10%以上。浅层地热能在降低碳排放、优化能源结构等方面具有显著优势，延庆区浅层地热能资源丰富，对其进行充分利用，是积极响应规划要求，助力延庆区实现"双碳"目标的有效措施。延庆区加强资源勘查，推动浅层地热能规模化应用。《北京延庆区新城YQ00-0408街区控制性详细规划（街区层面）（2021年—2035年）》鼓励发展地源热泵等可再生能源，远期规划区采用集中供热与分散供热相结合的方式，划分南北两大供热分区，分别规划1座地源热泵耦合式能源站，主要为居住建筑和部分公建集中供热。《北京市延庆区张山营镇国土空间规划（2020年—2035年）》鼓励采用地埋管地源热泵为村庄供暖。《北京市延庆区康庄镇国土空间规划（2020年—2035年）》提出大力发展可再生能源，持续提高农村地区清洁化供热水平，新增公共建筑采用地源热泵等可再生能源供热方式。因此，延庆区立足生态涵养区功能定位，以世园会和冬奥会等重大工程成功应用为示范引领，通过全面评估区域可再生能源开发利用潜力，结合延庆区供暖实际，依据"统筹规划、因地制宜"的原则，在新城重点街区和重点乡镇中心中关村延庆园、延庆休闲度假商务区等区域推广浅层地源热泵可再生能源供热方式，提高浅层地热能应用规模，同时优先使用浅层地热能改造既有供暖制冷系统，服务于能源发展规划，提高可再生能源供热比重。延庆区推广浅层地热能多能互补模式，提高能源利用效率。延庆区气温冬冷夏凉，冬季供暖负荷需求较高且供暖周期较长，夏季制冷负荷需求较小且制冷周期短，为了保障取热效率，提高系统运行能效，可综合考虑区域内其他可利用能源的资源条件，经技术经济分析论证合理后，采用复合式地源热泵系统为建筑进行供暖和制冷，发展多能互补、清洁安全的供热体系，推进区域可再生能源应用和产业发展。

（2）中深层地热资源情况

第一，资源禀赋。延庆区已探明地热资源属于沉积盆地型低温（小于90℃）地热资源，区内地热井出水量为500~5009m³/d，水温为45~80℃，最高80℃。据《北京市地热资源2006—2020年可持续利用规划》，延庆地热田主要分布在平原区，面积约121.88km²。延庆区地热田分布于地面以下3500m深度范围内，地热资源热储存量为21.326×10¹⁸J，折合标准煤12.13亿t；热水资源量为8.53×10⁸m³，折合标准煤 10.18×10⁶t。按年可开采热水量384万m³计，可采地热流体中携带的热量805.47×10¹²J。如可采热量全部用于冬季供暖（以120天计），居室供暖热指标取50W/m²，则每年可供暖面积约155万m²。根据2018年完成的延庆区西北部发展区地热资源勘查评价（二期）勘查成果，延庆地热田内断裂构造发育，分布近北东向和南北向断裂，两组断裂交会部位形成热水通道。热储盖层主要为第四系、侏罗系和白垩系，热储层以层状热储为主，带状热储为辅。层状热储层为蓟县系雾迷山组碳酸盐岩地层。延庆盆地内，除地热田西北部山前地带花岗石侵入导致一定深度内蓟县系雾迷山组缺失外，蓟县系雾迷山组地层在地热田范围内普遍存在。已探明的储层顶板埋藏深度为511~2130m范围内，储层最大视厚度超过1900m。储层内岩溶裂隙发育，单井出水能力最高达5009m³/d。带状热储层为断裂控制的花岗石带状热储层和侏罗系与白垩系热储层。平原区隐伏花岗石分布面积约39.7km²，花岗石破碎带中单井出水量达2031m³/d。白垩系与侏罗系热储层顶板埋藏深度为260~1000m范围内，平均埋深为639m，储层的平均视厚度为823m。该套地层的地温条件较好，地层平均温度约43℃，盆地内该套储层的单井出水量为1903.39m³/d。

第二，分布情况。据《北京市地热资源2006—2020年可持续利用规划》，延庆区内已探明地热资源主要位于延庆地热田内，地热田位于延庆区西部，包括延庆新城全部范围，康庄镇、张山营镇、沈家营镇、大榆树镇部分区域。随着地质勘查工作的深入，认识程度的加深，初步判断延庆地热田北部边界可持续扩展，延庆地热田面积有望由原来的121.8km²扩大为178.58km²。延庆区内存在地热温泉天然露头，位于西北部山区塘子庙，出水温度42℃，自流量为26m³/d。区内20世纪70年代发现地热资源，20世纪90年代开始地热资源普查，2000年以后进行地热资源的大规模开发，据统计目前延庆区内已钻凿成功地热井超过30眼，大部分位于地热田范围内，并集中在延庆新城。成井深度分布范围为2000~3000米。

第三，开发利用现状。目前，延庆地热资源主要用于区域供暖，典型的地热资源开发利用项目为大榆树安置房和世园会园区建筑物供暖项目。据《2023年北京市地热资源和矿泉水动态监测及设备维护管理总结报告》，2023年延庆地热田共有开采井4眼，地热井开采目的层均为蓟县系雾迷山组；回灌井4眼，回灌热储也全部为蓟县系雾迷山组。开采井和回灌井比2020年相比均少一眼。2023年延庆地热田内开采量为73.65万m³（比2020年多12.48万m³），回灌量63.85万m³（比2020年多4.95万m³），年实际净开采量为9.8万m³（比2020年少7.54万m³）。

第四，开发利用前景。延庆区地热资源丰富，开发利用前景较好。开发利用地热资源是落实相关规划的迫切需求。2022年9月北京市规划和自然资源委员会发布的《北京市矿产资源总体规划（2021—2025年）》在"推动深层地热资源供暖高效利用"方面，指出要开展城市副中心、朝阳区、昌平区和延庆区的深层地热供暖示范区建设，转变供暖—洗浴并重的深层地热资源开发利用局面。在"提升地热资源勘查精度"方面，明确指出要"在小汤山、延庆等地热田开展开采勘查，计算验证的深层地热流体可开采量和地热资源储量，为深层地热资源开发利用进行安全预测预报"。延庆区地热资源禀赋条件好，可开发利用空间大。首先，开展空白区地热资源勘查，提高资源保障能力。根据北京市地热调查研究所2018年地热资源勘查工作成果，延庆区现有地热井最高出水温度达到了80℃，出水量达5009m³/d，实现了延庆地热田外围空白地区水温、水量双突破。这一成果表明地热田外围地区地热资源开发利用还大有可为，开展空白区勘查工作将强势助力延庆建设高效清洁的热力供应保障体系，提高资源承载能力，为将延庆建成国际一流的生态文明示范区提供数据支撑。其次，盘活资源，探索闲置地热井再利用途径。可在现有地热勘探的基础上，充分利用已有闲置地热井，提高地热资源供暖规模。据调查监测，区内过去五年间连续运行良好的地热供暖项目的出水温度分布在52.5~70℃范围内，出水量分布在1829~2748m³/d。据此保守估计，延庆区内的地热井只要出水温度高于52.5℃，出水量高于1829m³/d都可以实现地热资源供暖的良好运行。区内满足这一条件的闲置地热井数量超过15眼，即如果充分调动现有这些地热井的活力，供暖规模可翻3倍，可大幅提高延庆区可再生能源供热规模。

2）城乡环卫设施建设与垃圾处理

（1）生活垃圾处理设施

延庆区现行垃圾处理体系以"4+2"垃圾处理模式为主。"4"指四品类垃圾：可回收物、厨余垃圾、其他垃圾、有害垃圾。"2"指大件垃圾及装修垃圾。目前，延庆区共有三座生活垃圾处理处置场，包括小张家口和永宁两处垃圾卫生填埋场，以及小张家口垃圾综合处理厂。新城及周边重点镇垃圾经环卫中心收运后送至小张家口垃圾综合处理厂进行分拣、筛分、堆肥等处理后，转运至小张家口卫生填埋场填埋。东部山区垃圾由各乡镇收集清运至永宁垃圾卫生填埋场进行无害化填埋处理。无中大型压缩转运设施，急需建设。

可回收物主要分为高值可回收物、低值可回收物。其中延庆区委托中义渔洋商贸中心承担高值可回收物托底回收工作，该公司将高值可回收物回收后，进行二次分拣，按照可回收物属性，进行资源化再利用；委托华京源延庆临时分拣中心承担低值可回收物、大件垃圾托底回收工作，该公司将低值可回收物及大件垃圾回收后，进行分拣拆分，再按照可回收物属性，进行资源化再利用。

厨余垃圾清运收集后，统一运送至小张家口垃圾综合处理厂，通过高温好氧发酵技术，将厨余垃圾分解成有机肥及厨余残渣，厨余残渣统一送至填埋场进行填埋处理。八达岭镇于2023年8月引进厨余垃圾就地处理设备，该设备采用超高温好氧快速消化分解技术，在一定温度下添加高效生物降解剂，将厨余垃圾快速彻底分解为有机肥及二氧化碳。该设备排放物进行环保评估检测，检测结果均符合排放标准。

其他垃圾清运收集后，统一运送至小张家口垃圾综合处理厂，通过二次分拣筛分，可回收再利用的其他垃圾进行资源化回收利用，不可回收再利用的其他垃圾运送至末端填埋场进行填埋处理。

有害垃圾是各街道乡镇、党政机关单位将有害垃圾进行分类装袋后，统一运送至永宁有害垃圾集中点，经过二次分拣称重后，委托第三方公司运送至外省市进行资源化利用。

（2）建筑垃圾处理设施

区内现有一座半固定式建筑垃圾临时处置点，目前临时占地手续已过期，厂区已停产。

（3）再生资源设施

区内现有2家小规模再生资源分拣中心，34家小型公司和个体在经营再生资源回收站点。

（4）现状问题总结

首先，生活垃圾处理设施处理能力无法满足全区垃圾处置需求。目前小张家口（二期）和永宁两处填埋场已经库容不足，永宁填埋场已超期运行。且生活垃圾以填埋为主，易污染环境，占用土地，与北京市实现原生生活垃圾零填埋的目标不匹配。延庆区生活垃圾急需探索新的处理路径。

其次，再生资源管理存在参与者繁多、未成统一体系、站点环境脏乱差、自动化工艺水平低、运输车辆型号混乱等诸多问题。而且，垃圾综合处理厂运行工艺落后，设备老旧严重，发酵系统已停运，渗沥液处理系统运行效果不佳，MBR（膜生物反应器）污水处理的出水要外运延庆区城西污水处理厂协同处置。

此外，区内缺少固定式建筑垃圾处理站。

3）市政综合运行管理系统建设

（1）项目概况

市政综合运行管理系统是构建城市设施部件、照明、车辆、人员、井盖、垃圾渣土清运、市容环卫、城市生命线、地下管线、舆情处置、应急指挥于一体的智能化管理和运行监测应用系统。系统以有线、无线网络为传输载体，以云平台为运行载体，应用物联网、互联网、图像分析技术，建立全区道路设施、市政部件、城市生命线、车辆、人员等各类市政公共设施信息库，实现市政管理部门的信息共享和一体化办公，紧密结合市政管理工作的业务流程，建立一体化的动态监测应用平台，为市政管理工作提供科学的决策依据，通过多种技术手段实现市政管理的智能化、自动化、实时化管理和决策，大幅提高管理水平，提高工作效率，节能降耗，具有重大的经济效益和社会效益。

（2）背景意义

2022年北京冬奥会是中国历史上第一次举办冬季奥运会，北京承办所有冰上项目，延庆和张家口承办所有的雪上项目。延庆区是2022年北京冬奥会主要赛区之一，这是延庆自建区以来第一次承担国际最高规格的大型活动运行保障。冬奥会活动级别高，影响大，延庆作为冬奥会三大赛区之一，势必聚集大量的人流、媒体、企业等，给延庆城市运行工作带来巨大挑战。延庆区城市管理委员会（简称城管委）承担的城市运行保障和管理不仅关系到整个活动能否顺利举办，而且关系到我国特别是首都北京在国际上的地位和形象，关系到党和国家的根本利益。同时根据《国务院关于积极推进"互联网＋"行动的指导意见》、2016年《北京市人民政府关于积极推进"互联网＋"行动的实施意见》、2018年《延庆区关于积极推动智慧延庆和"互联网＋"行动的指导意见》，第二届区委第46次常委会及第47次区政府常务会议的相关精神，按照延庆区智慧城市与"互联网＋"行动计划的统一部署，市政综合运行管理系统的建设还肩负着加快推进延庆新型智慧城市建设，促进互联网与经济社会各领域的深度融合的深层次任务。该系统的建设使得城市运行管理工作人员足不出户就可以监测到辖区内的市政设施和城市管理问题，并及时予以解决，可有效提高城市监督管理工作人员的工作效率，加快城市管理问题的处置速度，从而提高延庆区城市服务的管理水平。

（3）功能模块

系统整体建设分为九个子系统，分别是：市政可视化应急指挥调度子系统、市政舆情处置子系统、市政设施管理子系统、地下管线子系统、移动应用子系统、系统后台管理子系统、物联网服务引擎和数据对接子系统、智能试点应用子系统、图传应用子系统。

①市政可视化应急指挥调度子系统。指挥调度模块作为市政综合运行管理系统的核心业务模块和主要交互展示页面，可实现整个市政综合业务的融合应用及智能化管理。所有城市感知数据经过分析处理后，市政运行监控中心通过本系统实现统一调度、统一指挥、智能联动，实现实时查看、查询、管理、智能决策建议、远程操作、报警事件快速响应，对历史数据进行分析研判，辅助区、委机关制定宏观决策。市政可视化应急指挥调度子系统可对城市部件设施、视频监控、人员、车辆、感知设备运行状态进行实时监控，全面展示城市运行管理状况，开展大数据分析和智能决策辅助等应用，发生突发事件时通过系统派发工单，辅助现场监督处置，实现延庆城市垃圾清运、渣土运输、舆情事件处置、排水、供电、供气、供热、地下管线、道路、照明、环卫等城市基础设施和资源的智能化管理新模式。

②市政舆情处置子系统。市政舆情事件处置模块对突发公共事件的媒体报道和公众舆论信息进行实时汇聚和统计分析，依据相关的北京市地方标准和国家标准，结合市政现有的处置流程实现舆情的完整处置办结体系，并每日生成舆情监测、处置专报，上报相关部门，为制定决策提供准确、全面的信息。市政舆情处置子系统可实现所有城市管理事件的实时登记、派发、处置、督办、办结，将城管委内所有科室的业务管理贯穿融合，使城管委可实时掌握各业务科室对各类市政事故和舆情事件的实时办理情况，重大、关键事件推送至主管领导进行督办考核，使全区市政管理更加实时化、规范化，提高市政管理的事件办结率，进一步提升市政部门的管理效率，将城市环境类问题在城管委内部解决消化，减轻延庆区接诉即办处置压力。

③市政设施管理子系统。市政设施管理子系统根据市政基础设施管理的需要，结合电子地图、卫星影像、二维码技术，将延庆全区所有市政设施全部数字化，按照北京市地方、行业标准进行规范化分类，形成市政城市设施管理"一张图"系统，通过开放地理信息系统协会（OGC）制定的空间数据互操作的接口规范，实现异构平台的数据互操作，满足信息资源开放和共享的要求。通过统一的信息共享服务平台，为各个应用系统提供统一的信息共享服务，各应用系统都可以基于此平台的共享服务进行接口开发，实现各类信息的统一管理和共建共享，实现各应用系统的统一集成和集中管理。市政设施管理子系统，按照区级要求采集全区所有市政部件设施，按照行业分类将部件的坐标、权属信息、维护人员信息、录入电子地图，重要设施实施二维码管理，城管委掌握全区市政设施的分布情况，实现全延庆市政设施和部件看得见、摸得清，形成"市政城市部件管理一张图"。

④地下管线子系统。地下管线管理子系统独立部署在用户指定的专用主机上，确保承载的数据信息不泄密，对接城市生命线各行业系统，对水、电、气、热各类城

市生命线资源地下管线进行集中显示、分析；并将二维数据从三维数据中剥离，用于城市应急指挥分析调度。地下管线管理系统可使延庆城市地下管线管理从粗放式、被动式、二维图纸化管理转变为精细化、主动化、三维可视化的管理，为环境治理，城市规划、建设和管理，城市应急处置等方面提供科学的决策依据。

⑤移动应用子系统。开发"互联网＋"移动应用子系统，实现"互联网＋市政"移动应用，通过一套程序加不同权限的设置，为业务科室、行业人员、公众群众等提供不同的移动应用服务，使市政综合运行管理的所有功能需求在一套App中融合应用。同时结合微信公众号实现移动政务公开，向广大市民提供咨询、办事、评价、监督全链条服务。使人民群众更加方便的同时，实现城市部件、事件一键举报功能，降低政务人员接待压力，减轻接诉即办办理压力。

⑥系统后台管理子系统。开发后台管理模块可实现对用户部门、用户人员、设备数据库、系统安全、运维监测等基础信息的管理，为前端应用提供可靠的数据管理服务。通过单点登录、统一认证、统一日志、统一授权等功能模块，实现集成多业务系统功能模块，从而有机整合所有的信息和应用资源，实现数据的集中化管理，并为智慧市政各应用系统提供统一的身份认证服务，为多业务系统统一界面入口。

⑦物联网服务引擎和数据对接子系统。物联网服务引擎对接环卫、照明、燃气、热力、排水、电力等各市政行业系统，实时掌握各类城市资源的计划、调度、存量需求等运行信息数据，对接后的数据经可视化模块进行分析和综合展现，为及时准确掌握"城市生命线"整体运行情况提供可靠服务，并为相关单位提供"城市生命线"突发事件的预警信息，提高"城市生命线"安全运行管理水平。各业务子系统都要统一使用物联网服务引擎进行数据交换，数据中心统一管理和制定数据交换标准。物联网服务引擎和数字对接子系统可实现的基本功能如下：共享数据库的数据采集、更新、维护；业务资料库、公共服务数据库的数据采集；提供安全可靠的共享数据服务；业务部门之间的业务数据交换。

⑧智能试点应用子系统。智能试点应用子系统对城市照明的规划设计、工程建设、日常巡查、维修管理等进行网络化、精细化、规范化、日常化管理。通过运营商网络将智能照明各类数据回传至城管委运行监测中心，结合视频监控系统，实现对延庆重点道路路灯的智能化的远程管控，使管理人员足不出户便可实现远程开关灯等智能控制。

⑨图传应用子系统。在延庆城区的公共卫生间内外增加视频监控点位，实现公共区域内视频图像覆盖。通过红外球机、半球、筒机等进行在线监管及运行状态全面监控。针对公共卫生间使用情况进行统计，可实时查看公共资源使用情况，如人流流

量等，以辅助验证现有公共卫生资源投入是否合理，在应急时期用于人流监控和应急调度。在城管委运行监控中心部署视频图像综合管理应用平台，根据业务需求实现相应的业务应用操作、图像调用、录像回看。

（4）建设进度

目前延庆区市政综合运行管理系统建设仍处于起步阶段，系统总体架构基本设计完成，各功能模块建设主要内容已基本明确，但受到前期建设和后期运营维护资金的制约，以及与各公共设施建设运营结构缺少统筹协调等的影响，建设进度较为缓慢，仅在部分道路实施部分功能模块功能。目前智慧城市建设职能已从城管委转移到大数据局，未来以上难点、堵点势必将会打通，从而提高延庆智慧城市建设速度，实现全部模块建设目标。

7.1.2 建设优势

1）已形成完善的垃圾回收分类处理体系

延庆区在垃圾处理领域展现出了卓越的成效与显著的优势，其核心的"4+2"分类模式不仅对生活垃圾进行了科学合理的划分，包括了可回收物、厨余垃圾、其他垃圾及有害垃圾这四大类，还特别关注到大件垃圾与装修垃圾的处理，确保了各类垃圾都能得到妥善管理。在处理厨余垃圾方面，延庆区积极引入并应用高温好氧发酵等前沿技术，通过生物降解的方式高效转化厨余垃圾为有机肥料，既减少了环境污染，又实现了资源的循环利用。同时，针对可回收物，延庆区与多家专业回收机构建立合作，通过精细化的分拣与拆分流程，最大化地提升了可回收物的资源化回收率。对于无法直接回收利用的不可回收垃圾，延庆区则严格执行无害化填埋处理标准，确保垃圾处理过程对环境的影响降到最低。此外，延庆区还高度重视再生资源的回收利用，区内不仅建有规模适中的再生资源分拣中心，还广泛分布着众多小型回收站点，这些设施共同构成了覆盖全区的回收网络，极大地方便了居民的垃圾分类与投放，有效推动了垃圾的减量化和资源化利用进程。这一系列举措不仅提升了延庆区的生态环境质量，更彰显了其在推进生态文明建设、践行绿色发展理念方面的积极作为与坚定决心。

2）具备丰富的地热资源禀赋

延庆区坐落于北京市的西北部，是一片自然风光旖旎、地理位置独特的区域。在这片土地上，平原区的面积占据了总面积的26.2%，主要分布在延庆盆地这一构造单元之中。延庆盆地，作为一个自然形成的地理奇观，不仅赋予了延庆区丰富的地貌特征，更在地下蕴藏了宝贵的能源资源。尤为值得一提的是，延庆区的浅层地热能和中深层地热资源异常丰富，为当地的经济社会发展提供了得天独厚的条件。据统计，全区地热带面积广达 105km²，这一数字不仅彰显了延庆区地热资源的广泛分布，也预示着其在地热能源开发利用方面的巨大潜力。在地热井的开采方面，延庆区同样取得了令人瞩目的成就。区内部分地热井的最高出水温度可达 80℃，这一温度不仅满足了供暖、洗浴等多种生活需求，还为地热能的多样化利用提供了可能。同时，这些地热井的出水量也相当可观，日出水量高达 5009m³，为延庆区的地热能源供应提供了充足的保障。更为重要的是，延庆区的深层地热资源具有极高的供暖能力，据估算，全区深层地热资源可供暖面积达 300 万 m²，这一数字无疑为延庆区的冬季供暖提供了强有力的支持。而浅层低温地热资源的普遍存在，则为地源热泵等新型能源技术的应用提供了广阔的空间和前景。可以预见，在未来的发展中，延庆区将充分依托其丰富的地热资源，积极探索地热能源的高效利用途径，为推动区域经济的可持续发展和生态环境保护贡献更大的力量。

7.1.3 机遇与挑战

1）国家、北京市出台文件支持地热资源开发和利用

国家和北京市出台了一系列政策措施以支持地热资源的开发和利用。国家层面，国家能源局等部门联合发布了《关于促进地热能开发利用的若干意见》，明确了地热能在供暖、制冷及发电等领域的应用方向，并提出了到2025年地热能供暖（制冷）面积比2020年增加50%、全国地热能发电装机容量翻一番等具体目标。北京市则通过制定《关于全面推进新能源供热高质量发展的实施意见》等文件，提出推进新能源供热高质量发展的工作措施和支持政策，鼓励浅层地源热泵等新能源供热技术的应用，并设定了到2025年新能源供热面积占比达到10%以上、到2030年达到15%的目标，同时优化了项目审批流程，创新了开发利用模式，为地热资源的开发和利用提供了有力的政策保障和支持。

2）垃圾减量化无害化处理压力较大

垃圾减量化与无害化处理面临着多方面的挑战。一方面，随着城市化进程的加快和消费水平的提升，垃圾产生量急剧增加，给减量化工作带来了巨大压力；另一方面，垃圾成分复杂，包含大量难以降解和有害的物质，无害化处理难度大，技术要求高。同时，处理过程中还可能产生二次污染，对环境和人体健康构成威胁。此外，垃圾减量化与无害化处理需要巨额的资金投入和先进的技术支持。实现垃圾减量化与无

害化还要解决公众意识不足、分类投放不准确、收集转运系统不完善、处理设施布局不合理及运营效率低下等问题。

3）可持续智慧城市建设路径仍待探索

在智慧城市建设运营过程中，存在技术瓶颈、政策制约、投资不足、项目管理不善、数据标准不统一、跨部门协调机制不健全、信息孤岛现象严重、建设空心化风险大、绩效评价体系不完善、社会参与度不够以及信息安全挑战等诸多问题。这些问题涉及技术、政策、管理、资金和社会等多个层面，制约了智慧城市的全面发展。智慧城市的建设运营还面临着人才短缺、公众认知差异、技术更新迅速导致的持续投资压力，以及缺乏长期规划和可持续发展策略等问题。人才短缺，尤其是在大数据、人工智能、物联网等关键技术领域的人才短缺，限制了智慧城市创新应用的开发和推广。公众对于智慧城市的认知差异，可能导致部分人群无法充分享受智慧城市带来的便利，加剧数字鸿沟。技术的快速迭代则要求持续的资金投入，以升级和维护智慧城市的基础设施和应用系统。同时，缺乏长远规划和可持续发展策略，可能导致智慧城市项目短视，无法有效应对未来城市发展的新需求和新挑战。因此，解决这些问题需要政府、企业和社会各界的共同努力，通过加强人才培养、提高公众参与度、制定长期规划、建立可持续的投资和运营模式等方式，推动智慧城市的健康发展。

7.2 建设目标

到2025年，延庆区固体废弃物减量化无害化处理水平持续提升，生活垃圾回收利用率不低于40%，生活垃圾资源化利用率达到80%。地热资源开发利用水平不断提高，新建建筑可再生能源耦合供热装机比重不低于60%；新能源充电设施覆盖率达到北京市领先，电动汽车充电站平原地区充电服务半径不大于3km；形成一批市政管网监测系统示范项目。

7.3 指标体系（表7-1）

1）生活垃圾回收利用率

定义和计算方法：根据《固体废物污染环境防治信息发布指南》，生活垃圾回收利用率＝生活垃圾回收利用量÷生活垃圾产生量×100%。

指标体系表　　　　　　　　表 7-1

序号	指标名称	指标要求	指标类型
1	生活垃圾回收利用率	≥40%	约束型
2	生活垃圾资源化利用率	≥80%	引导型
3	新建建筑可再生能源耦合供热装机比重	≥60%	约束型
4	电动汽车充电站平原地区充电服务半径	≤3km	引导型
5	市政管网监测系统示范	开展市政管网监测系统示范工程建设	引导型

北京市的水平：《北京市碳达峰实施方案》提出，到2025年，生活垃圾资源化利用率将达到40%以上；2024年，北京市生活垃圾回收利用率平均水平为39.8%。

延庆水平：2022年，延庆区生活垃圾回收利用率达39%，2025年目标值为不低于40%。

2）生活垃圾资源化利用率

定义和计算方法：根据《固体废物污染环境防治信息发布指南》，生活垃圾资源化利用率 = [（可回收物回收量 + 焚烧处理量 × 焚烧处理的资源化率折算系数 + 厨余垃圾处理量 × 厨余垃圾处理的资源化率折算系数 + 卫生填埋处理量 × 卫生填埋处理的资源化率折算系数）/（可回收物回收量 + 生活垃圾清运量）] × 100%；它是衡量城市生活垃圾综合处理利用效果的重要指标，也是评价城市环境卫生水平和资源利用效率的重要依据之一。

北京市的水平：《北京市碳达峰实施方案》提出，到2025年，生活垃圾资源化利用率将提升至80%。2024年，北京市生活垃圾资源化利用率已经达到80.94%。

延庆水平：2022年延庆区生活垃圾资源化利用率为78%，2025年目标值为达到80%。

3）新建建筑可再生能源耦合供热装机比重

定义和计算方法：指在某一新建建筑项目中，利用可再生能源（如太阳能、地热能等）进行耦合供热的装机容量占该项目总供热装机容量的比例；可再生能源耦合供热装机比重 =（可再生能源耦合供热装机容量/总供热装机容量）× 100%。

北京市的水平：为落实《国务院关于印发2030年前碳达峰行动方案的通知》《国务院办公厅转发国家发展改革委 国家能源局关于促进新时代新能源高质量发展实施方案的通知》《北京市国民经济和社会发展第十四个五年规划和二〇三五年远景目标纲要》《北京市碳达峰实施方案》《北京市"十四五"时期能源发展规划》，加快实施可再生能源替代行动，制定《北京市可再生能源替代行动方案（2023—2025年）》（以下简称《方案》）。《方案》提出全面实施建筑行业可再生能源应用，到2025年，实现新建建筑可再生能源耦合供热装机比重不低于60%。

延庆水平：延庆地热资源丰富，已勘探浅层地热资源可供暖面积14万m^2，中深层地层地温条件较好，地层平均温度约43℃；据不完全统计，截至2020年延庆区浅层地热能开发利用项目数量42个，实现供暖面积380万m^2，项目以公共建筑为主，建筑类型包括办公建筑、卫生建筑、教学建筑等；中深层地热资源开发利用项目包括大榆树安置房和世园会园区建筑物供暖项目等，年实际净开采量为9.8万m^3；延庆目标为到2025年，实现新建建筑可再生能源耦合供热装机比重不低于60%，符合北京市相关政策要求。

4）电动汽车充电站平原地区充电服务半径

定义和计算方法：指在平原地区居民到达最近电动汽车充电设施的距离不大于3km。此项指标与电动汽车使用者的体验息息相关，间接影响居民购买电动汽车的积极性。

北京市的水平：截至2020年底，北京市已累计建成约20万个电动汽车充电桩，其中包括私人自用、公用、单位内部和公共专用等多个领域的充电桩，形成较为完善的充电网络体系；根据北京市政府发布的《"十四五"时期北京市新能源汽车充换电设施发展规划》要求，到2025年，北京市电动汽车充电桩累计建成量将达到70万个，平原地区电动汽车公共充电设施平均服务半径将进一步缩小至小于3km，以提供更加便捷、高效的充电服务。

延庆水平：延庆区近年来在电动汽车充电设施建设方面取得了显著进展，在景区景点、酒店民宿、出租车场站、停车场、重点商圈、机关单位、居住小区等点位大力推进电动汽车充电设施建设，电动汽车充电站平原地区充电服务半径不大于3km目标已提前实现。未来延庆将继续推进高压快充桩、光储充换检一体化站点建设，同时不断提升充电桩运营和维护水平，为居民和游客提供更好的充电体验；延庆目标为到2025年，电动汽车充电站平原地区充电服务半径不大于3km。

5）市政管网监测系统示范

北京市的水平：北京市智慧城市建设情况总体呈现出快速发展和全面深化的态势，通过发布智慧城市场景创新需求清单，推动前沿技术、公共服务、社会治理、企业数字化转型等四大领域的创新发展；同时，北京市还加快布局新型基础设施，推动自动驾驶、元宇宙、数据要素等数字经济产业集群的发展，为智慧城市建设注入新动力；《北京市"十四五"时期智慧城市发展行动纲要》提出到2025年，将北京建设成为全球新型智慧城市的标杆城市，城市整体数据治理能力大幅提升，全面泛在感知体系建设规范有序，云网和算力底座稳固夯实，重点领域的智慧化应用水平大幅跃升，"一网通办"惠民服务便捷高效，"一网统管"城市治理智能协同，开放创新的城市科技新生态基本形成，城市安全保障能力全面提高，根基强韧、高效协同、蓬勃发展的新一代智慧城市有机体基本建成，全面支撑首都治理体系和治理能力现代化建设。

延庆水平：目前延庆区智慧城市建设仍处于起步阶段，目前已基本形成智慧城市建设总体框架，未来将根据经济社会发展阶段，采取试点示范方式，分领域、分步骤推动智慧城市项目在延庆落地实施；目标为到2025年，依托已有监测系统基础，开展市政管网监测系统示范工程建设，探索规划设计、系统建设、数据收集、数据处理、智慧调度等全流程体制机制。

7.4 行动方案

7.4.1 推进固体废物减量化、资源化和无害化

创建"无废城市"。制定延庆区"无废城市"建设实施方案，将"无废城市"建设融入城市规划、建设和发展全过程，加快建立分区施策、分类治理、全程管理、统筹协调、智能高效的新型城市固体废物利用处置系统和管理体制机制，实施"无废城市"建设重点行动，不断提升固体废物基础设施精细化水平，创新城市固体废物减量化、资源化模式，实现"垃圾不落地"。

高标准建设"无废新城"示范。构建新城产业废物高效利用模式，实现科研废物、生产废物规范收集、高效利用、无害处置。建设"绿色技术银行""绿色技术评估""绿色技术交易"等创新平台载体，打造绿色创新技术转化高地。高标准建设资源循环回收站点，搭建"互联网＋回收站点"智慧系统，构建大件垃圾、高值废物等回收利用模式。打造全过程、全场景垃圾分类模式，高标准建设智能化环卫基础设施，实现生活垃圾全过程监管、规范回收利用。打造"城区—组团—社区"多层级、多维度共享场景，推广共享单车、共享打车、共享图书、共享雨伞、共享工具室等模式，形成一批共享场景典型示范。探索建立快递、外卖等行业包装物减量化、资源化利用机制，开展包装物"瘦身计划"，大力推广快递绿色包装，促进包装物源头减量，实现快递包装物规范回收。

开展"无废乡村"示范。探索"生态农业＋无废乡村""循环农业＋无废乡村""有机农业＋无废乡村""旅游＋无废乡村"的模式，将"无废乡村"建设与乡村振兴、

美丽乡村建设有机结合，促进农业废物、生活垃圾源头减量，推进农业主要废弃物回收利用。支持有条件的区域开展"无废乡村"综合示范，打造特色鲜明、多元创新、机制领先的"无废乡村"模式，在全区甚至北京市广泛推广。到2025年，建成农村固体废物减量化、资源化、无害化等模式，出台"无废乡村"创建指南和建设标准，建成10个"无废乡村"示范。

高标准创建"无废景区"。推行门票电子化、餐饮"无废"化，倡导景区"无废旅游"，完善景区旅游小程序，支持并奖励游客参与景区环境监管，倡导文明旅游、无废旅游。

建设"无废细胞"。加快制定延庆"无废细胞"创建行动，明确各个部门职责及分工，推动无废机关、无废学校、无废社区、无废景区、无废公园、无废商超、无废餐馆、无废酒店、无废工地、无废工厂等"无废细胞"全面落地。新建区投入使用后全域开展"无废细胞"创建，选择工作基础好的机关、学校、社区、酒店等场景开展"无废细胞"创建。将世园公园景区、郊野公园等地标性场景打造成"无废细胞"示范，支持各街道、各场景打造各具特色的"无废细胞"示范。

系统构建"无废"社会生活体系。建立健全具有国际先进水平的生活垃圾分类综合管理体系，逐步完善生活垃圾全过程分类和处理的政策体系、标准体系和工作体系，加快完善垃圾分类收费制度。全域推广垃圾分类，严格执行垃圾分类标准，形成适宜的城市和农村的垃圾分类及处理模式。

推进"无废城市"课程体系建设，支持开展"无废城市"精品课程评选。组织开展"无废城市"游学活动和系列"无废城市"主题活动，实现从理论到实践，从课内到课外的深度融合，从小培育青少年资源节约、保护环境的优良基因。加强与高校院所的联系，组织相关领域专家到学校与师生进行交流，不断丰富"无废城市"教学内容和教学体验，打造"无废城市"精品示范课程，建成全国首个"无废城市"教育示范基地。

提升"无废城市"数字设施水平。加快"无废城市"信息平台建设，提升固体废物全过程溯源管理硬件设施，探索搭建包含人、车、物数据的全链条信息管理系统，实现固体废物实时精准监管，加强与工业、农业、建筑、生活等现有数据平台的对接，不断提升"无废城市"信息平台数据分析、处理与预警能力。选择典型固体废物领域开展数字化治理试点，依托数字平台优化城市固体废物管理模式，提高固体废物收集、运输、利用及处置效率，形成延庆特色的智慧化管理模式。积极争取省、部级"无废城市"专项资金，探索建立社会资本参与机制，鼓励发展绿色债券、绿色贷款、绿色保险、绿色基金等多元化金融工具，给予固体废物相关企业相应的政策和宣传倾斜，提高社会资本参与"无废城市"建设积极性。鼓励芦苇、秸秆等具有一定规模的有机废物利用产业探索绿色金融创新模式，探索做蘑菇菌棒、建材等经济产品，加快构建"变废为宝"、就地利用的良好格局。保障"无废城市"建设财政资金保障，重点支持"无废乡村""无废学校"等"无废细胞"建设。

建立固体废物源头减量和资源化利用体系。整合生活垃圾、建筑垃圾、园林绿化垃圾等固体废物资源，探索建立固体废物源头减量和资源化利用体系，推动循环经济产业园项目建设。以"循环"为理念，积极引入社会资本，依托现有垃圾处理场站，采用先进工艺技术，构建以垃圾焚烧处理为中心，包括生活垃圾综合处理、建筑垃圾资源化再利用、危险废弃物集中处置、农林废弃物资源化再利用等不同种类垃圾和处置工艺，资源节约、循环利用、环境和谐的循环体系，实现固体废物处置从单一填埋为主向资源化利用为主转变，日处理能力目标为400t，打造集垃圾综合处理、循环经济示范、环保科普教育等功能于一体的固废产业示范基地。

加快推进生活垃圾收集转运系统工程建设，在大榆树镇建成再生资源分拣中心、乡镇中转站、村级网点，形成再生资源回收三级设施体系。

新建300t生活垃圾压缩转运站，建筑形式采用半地下式，满足文保限高要求。主要设备为压缩机2套，同时配套31t勾臂车转运车。新建再生资源分拣中心，引进社会资本方投资建设。建设内容包括再生资源分拣加工厂区、固废及有害垃圾暂存区、办公及教育展示区、生活配套区、信息化智能管理系统五大部分，具备各品类可回收物分拣打包、生活垃圾暂存、再生产品展示、垃圾分类知识科普、全流程信息化管理等功能。

在大榆树镇建设固定式建筑垃圾资源化处理厂，主要建筑内容为办公区、生产车间、料仓等，建筑规模约1.54万 m^2。建成后建筑垃圾处理能力约60万 t/a，装修垃圾固定处理线5万 t/a，同时配置应急移动式处理线60万 t/a。推动建筑垃圾源头减量化、分类标准化、处置合理化、应用市场化。

优化布局园林绿化垃圾分类收集、贮存、运输、处理和资源化利用设施，探索"就地处理＋集中处理"相结合的处置模式。编制园林绿化垃圾处理和资源化利用专项规划或方案，系统分析城市绿地、苗圃基地等区域内的植物种类和生境，鼓励就地就近处理园林绿化垃圾，将再生产品作为土壤改良基质、有机覆盖物等回用园林绿地，推动园林绿化垃圾源头分类和减量。拓展绿废垃圾多元化的应用场景，将有机基质按科学配比调配后加工成适合不同花卉、绿植的专用种植土，有机覆盖物使用胶结类产品后用于次园路铺设、护坡、防止水土流失的地面铺设等。

7.4.2 发展新能源供热和完善新能源交通设施配套

充分挖掘和利用延庆地热资源潜力。持续推进地热资源勘查工作，采用先进的勘探技术和方法，摸清延庆地热资源的分布、储量和开发潜力。在此基础上，积极开发利用地热资源，通过科学合理的规划和布局，实现地热资源的高效利用。同时，有序推动已有地热井的再利用工作，对现有的地热井供热设施进行技术改造和升级，提高其能效和利用率，减少资源浪费。

鼓励和支持地热资源的开发利用。探索建立地热资源供热补贴机制，制定补贴标准，明确补贴对象、条件、额度和期限，确保补贴资金能够精准投放到位。同时，加强对补贴资金使用的监管和审计，防止资金挪用和浪费，确保补贴政策能够真正发挥激励和引导作用。通过政策引导和财政支持，降低地热供热成本，提高地热供热能力。

提升新能源和可再生能源供热面积。加大对可再生能源技术的研发和推广力度，推动技术创新和产业升级。通过引进和消化吸收国际先进技术，结合我国实际情况，开发出更加高效、经济、可靠的可再生能源供热技术和产品。在新建建筑供热方面，要求可再生能源耦合供热装机比重不低于60%，确保新建建筑在供热方面具备较高的能效和环保性能。

提升新能源车辆渗透率。优化公共充电设施布局，充分考虑规划和交通流量等因素，合理确定充电站的位置和规模。同时，加强对充电设施的日常维护和管理，确保设施的正常运行和用户的便捷使用。此外，推动充电设施的智能化和互联互通，实现充电信息的实时共享和查询，确保电动汽车充电站的服务半径不大于3km，提高充电设施的利用效率和用户满意度。

满足电动自行车用户的充电需求。合理配置充电接口数量，确保电动自行车与接口数的比例达到3:1，避免用户因充电接口不足而等待过长时间。

打造新能源汽车与各类场景高效融合的双向充放电示范项目。加强与相关产业和领域的合作与协同，推动新能源汽车与智能电网、储能系统、分布式能源等技术的深度融合。通过示范项目的建设和运营，探索出适合我国国情的新能源汽车充放电模式和商业模式，为新能源汽车产业的可持续发展提供有力支撑。

提升加氢站运营效率，保障加氢站可持续运营。依托公交线路、通勤班车、货物运输、旅游专线等应用场景，逐步扩展氢燃料车辆的使用范围，提高氢燃料车辆的渗透率和认可度。加强对氢燃料车辆的技术研发和产业化支持，提高氢燃料车辆的性能和安全性，降低车辆成本和使用成本。同时，努力提升氢燃料汽车用户基数，加强政策宣传和市场推广，吸引更多的用户选择使用氢燃料车辆，为新能源汽车产业的快速发展提供有力支撑。

北苑家园地热供暖项目

该项目位于北京市的繁华区域，旨在为周边居民提供稳定、高效、环保的供暖服务。为了实现这一目标，项目团队在深入研究地热资源的基础上，钻凿了多口深达约3600m的地热井，这些井不仅深度足够，而且位置选择也经过精心规划，以确保能够最大限度地抽取地下热能。在供暖过程中，项目采用了先进的热泵技术，通过热泵机组将地热水中的低品位热能提升为高品位热能，从而满足供暖需求。同时，为了进一步提高地热能的利用率，项目还采用了梯级利用技术，将地热水在不同温度层次上进行分级利用，实现了热能的最大化利用。

此外，北苑家园地热供暖项目还特别注重环境保护。为了避免地热资源的浪费和地下水的污染，项目采用了回灌技术，将经过换热后的地热水重新注入地下，实现了地热资源的可持续利用。同时，项目还建立了完善的地温场监测及采集系统，对地热井的水温、水量等参数进行实时监测，以确保地热资源的合理开发和利用。总的来说，北苑家园地热供暖项目不仅为北京市的居民提供了舒适、环保的供暖服务，还为我国地热能的开发和利用提供了宝贵的经验和示范。该项目的成功实施，不仅展示了我国在地热供暖领域的技术实力和创新能力，还为推动清洁能源利用和环境保护作出了积极贡献。

广州高新区氢燃料电池车示范项目

广州高新区共有500辆氢燃料电池车，除了重卡，还包括4.5t冷藏车、清扫车、物流车、公共巴士等众多车型，是广州在氢燃料电池车应用场景中的一项重大突破，也是粤港澳大湾区首次实现双极板、空气压缩机、氢气循环器三大关键零部件及燃料电池系统本地化生产。车辆采用国内领先的动力配置，燃料电池系统综合效率超63.8%。氢燃料电池是交通领域中氢能应用最为成熟的部分，其将化学能转换为电能，进而驱动车辆行驶，全工作周期只排放水。技术进步和规模化生产使得氢燃料电池系统成本正在快速下降，预计到2030年会降到500元/kW。

7.4.3 推动城市智慧化管理

因地制宜逐步扩大城市数据收集、处理能力。分阶段布设智能感知设备，如高清摄像头、环境监测传感器、交通流量监测器等。力求通过高效的技术手段，全面采集、精准汇聚并有机组合城市运行过程中的全量数据，确保数据的完整性、准确性和时效性。数据涵盖了城市交通、环境监测、公共安全、公共服务等多个关键领域，为城市管理提供了坚实基础。建立高效的数据处理中心，运用云计算和边缘计算技术，对海量数据进行快速处理和分析，提取有价值的信息，为城市管理决策提供依据。

深化数据共享与协同机制。注重实现市、区、街乡镇、社区村以及单元网格之间的纵向贯穿，打破部门间的信息孤岛，确保各级管理部门之间能够无缝对接、协同作战。通过数据共享共用机制，各级管理部门可以实时获取所需信息，及时响应城市运行中的各种问题和挑战，提高管理效率和应急处理能力。

提升智慧分析与预警预判能力。运用人工智能和机器学习技术，对城市运行数据进行深度挖掘和分析，发现数据背后的规律和趋势。通过建立智慧分析模型，对城市运行状态进行实时监测和评估，及时发现潜在的风险和问题。对未来的城市运行趋势进行预测和预判，为管理部门提供科学决策支持。

注重提升市政管网的智能化管理水平。运用物联网技术，实现对市政管网设施的远程监控和集中调度。例如，对供水、供电、供气等管网进行实时监测，及时发现漏损、故障等问题，并进行快速修复。同时，通过智慧分析技术，对管网运行状态进行优化调整，提高管网的运行效率和安全性。形成"一网统管全城、一网统领行业、一网统筹全域"的城市运行管理新模式。

加强人才培养和技术创新。通过引进和培养高素质的智慧城市建设人才队伍，不断提升城市管理的智能化水平，提升后期维护时效。鼓励技术创新和研发，推动新技术、新设备在城市管理中的应用和推广，为打造更加智慧、更加宜居的城市提供源源不断的动力。

温州市城市安全风险一张图

温州城市安全风险一张图管控平台是浙江省首张城市综合安全风险地图，形成了"空天地海一体化、部门数据一体化、二维三维一体化、预警决策一体化"的大数据库和应急管理数据中心，建立应急管理与救援指挥业务全覆盖、市县两

级一体化、跨部门协同、共建共用的温州市"智慧应急一张图"综合指挥与协同管理云平台。通过对应急风险的精准智治，进一步提升预测预警预报和指挥救援能力，为应对应急事件的决策指挥提供精准智慧、科学高效的支撑。

厦门市智慧应急协同治理网络

厦门市于2022年成立应急指挥中心，使用大数据、物联网、人工智能等智慧技术构建救援指挥平台和信息管理系统。智慧应急体系整合VR、AI、"数字地图"等多元技术，采用物联网、图像识别等技术，建设厦门市安全生产风险监测预警系统。该系统已动态接入了18家重大危险源企业的重大危险罐区，以及高危工艺装置和设施的液位、压力、可燃气体等报警数据与重点区域的监控视频，通过实时获取各关键工艺流程的动态数据，实现对相关企业安全风险的智能识别和自动预警。

第8章

园区
——降碳排少污染，全配套优环境

2023年7月，北京市延庆区人民政府发布《北京市延庆区碳达峰实施方案》，明确"立足首都生态涵养区功能定位，以经济社会发展全面绿色转型为引领，以能源绿色低碳发展为关键，加快形成节约资源和保护环境的产业结构、生产方式、生活方式、空间格局，加快走出一条生态优先、节约集约、绿色低碳的高质量发展之路，接续奋斗建设生态文明幸福最美冬奥城"。其中，针对延庆的园区建设，提出"加强绿色低碳技术研发及推广应用""探索中关村延庆园、农业园区循环化发展""积极推动碳达峰碳中和先行示范""鼓励重点区域、工业园区、农业园区、街乡社区从规划设计和项目示范入手建设近零碳排放示范区"等具体目标和要求。

8.1 基础现状

8.1.1 基本情况

2024年3月5日，国务院总理李强在第十四届全国人民代表大会第二次会议上，作政府工作报告，其中提到"强化生态环境保护治理，加快发展方式绿色转型。深入推进美丽中国建设。持续打好蓝天、碧水、净土保卫战。加快实施重要生态系统保护和修复重大工程。抓好水土流失、荒漠化综合防治。加强生态环保督察。制定支持绿色低碳产业发展政策。推进重点行业超低排放改造。启动首批碳达峰试点城市和园区建设。积极参与和推动全球气候治理"。

基于国家总体"双碳"战略，北京市于2022年2月22日印发了《北京市"十四五"时期能源发展规划》。此规划在《北京城市总体规划（2016年—2035年）》《北京市国民经济和社会发展第十四个五年规划和二〇三五年远景目标纲要》基础上，全面落实党中央、国务院和北京市委、市政府关于碳达峰、碳中和重大战略决策部署的具体举措，提出了北京市能源发展的指导思想、主要目标、重点任务、重大项目和改革举措，是"十四五"时期北京市能源发展的总体蓝图和行动纲领。

园区作为区域经济发展、产业调整升级的空间核心单元，是我国推进新型城镇化、实施制造强国、科技强国战略最重要、最广泛的空间载体，同时也是碳排放的主要源头，是我国实现双碳目标的重要切入点和着力点。绿色低碳园区的建设被提高到前所未有的高度，国家陆续出台了一批园区建设的指导文件。

2021年9月，国家生态工业示范园区建设协调领导小组办公室发布《关于推进国家生态工业示范园区碳达峰碳中和相关工作的通知》提出"将碳达峰、碳中和作为示范园区建设的重要内容，通过践行绿色低碳理念、强化减污降碳协同增效、培育低碳新业态、提升绿色影响力等措施，以产业优化、技术创新、平台建设、宣传推广、项目示范为抓手，在'一园一特色，一园一主题'的基础上，形成碳达峰碳中和工作方案和实施路径，分阶段、有步骤地推动示范园区先于全社会在2030年前实现碳达峰，2060年前实现碳中和"。并要求在示范园区建设过程中，所有示范园区均应将实现碳达峰碳中和作为重要目标，并制定相应的实施路径举措。

2021年10月，国务院印发的《2030年前碳达峰行动方案》也针对园区绿色低碳发展提出了若干具体任务，包括"实施园区节能降碳工程，推动能源系统优化和梯级利用，打造一批达到国际先进水平的节能低碳园区"，"推进产业园区循环化发展，到2030年，省级以上重点产业园区全部实施循环化改造"，"选择100个具有典型代表性的城市和园区开展碳达峰试点建设"等，并在政策、资金、技术等方面对试点城市和园区给予支持，加快实现绿色低碳转型。

2021年12月，国家发展改革委办公厅、工业和信息化部办公厅印发《关于做好"十四五"园区循环化改造工作有关事项的通知》，提出通过优化产业空间布局、促进产业循环链、推动节能降碳、推进资源高效综合利用、加强污染集中治理等循环化改造，实现园区的能源、水、土地等资源利用效率大幅提升，二氧化碳、固体废物、废水、主要大气污染物排放量大幅降低。

2022年7月，工业和信息化部、国家发展改革委、生态环境部印发《工业领域碳达峰实施方案》将打造绿色低碳工业园区列为重点任务，要求构建园区内绿色低碳产业链条，促进园区内企业采用能源资源综合利用生产模式，推进工业余压余热、废水废气废液资源化利用，实施园区"绿电倍增"工程。到2025年，通过已创建的绿色工业园区实践形成一批可复制、可推广的碳达峰优秀典型经验和案例。

延庆区坚守生态涵养区功能定位，联合国家电网、北京绿电交易中心、首都绿电交易中心、京能集团，以在全域范围内建设绿电示范区为目标，打造绿色工厂、绿色交通、存储充一体绿色充电桩、全场景绿色发电、绿色经济，以绿色发展助力全面建设生态文明幸福最美冬奥城、建设国际一流的生态文明示范区。近期以中关村延庆园为突破口，以能源清洁化、建筑低碳化、交通绿色化、运维数智化、碳金融产业化、绿色制造体系化"六化融合"为发展路径，以低碳技术、零碳技术、负碳技术、信息技术创新与推广应用为支撑，打造了以中关村延庆园和张山营镇延庆智能电网为重点示范的绿色低碳园区和项目。

1）中关村延庆园

中关村延庆园是延庆区无人机、体育科技、新能源与节能环保、园艺科技四大特色产业的承载地。2020年，延庆区被中国民航局认定为北京市第一个也是唯一一个"民用无人驾驶航空试验区"。2020年，挂牌成立中关村（延庆）体育科技前沿技术创新中心，是北京市唯一以体育科技为主题的科技园区。园区内的氢能产业园一期是北京市首座70MPa加氢站。同时借助举办世园会的宝贵机遇，成立了中关村现代园艺产业创新中心等组织，集聚了278家园艺企业落户延庆。

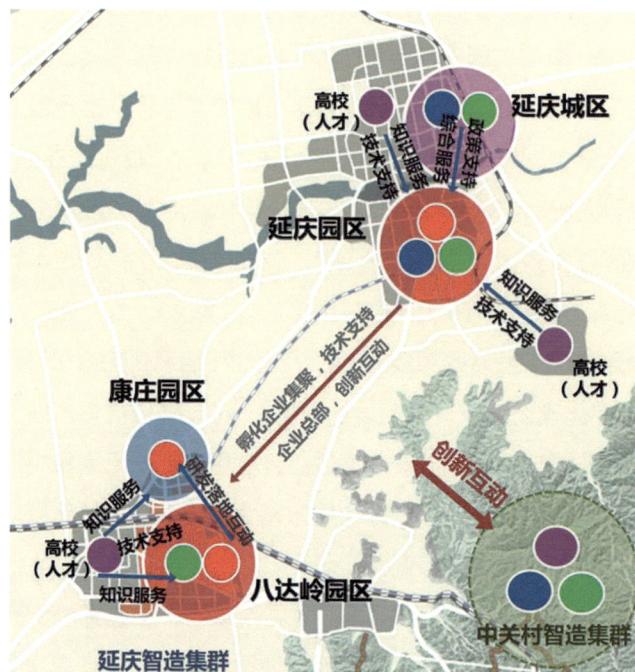

图 8-1　中关村延庆园区域创新生态系统关系图

图 8-2　中关村延庆园绿色低碳园区建设

中关村延庆园充分重视能源清洁化利用，利用延庆区资源禀赋，建设分布式光伏发电、风力发电、地热能供暖等可再生能源项目。园区内共有分布式光伏发电用户13家，累计发电容量10.5MW·h，已完成发电档案建立及电量数据自动化采集。在无人机特色产业园区建设中，通过安装光伏发电板、充电桩、智慧路灯等方式，助力绿色低碳园区发展。由中关村延庆园管委会负责建设、北京北变微电网技术有限公司牵头实施的北京市新能源产业基地智能微电网项目，是政府主导的较大规模的新能源应用及智能微电网示范项目，可实现智能微电网与智能配电、智能用电有机结合，信息共享、集中监控。到2025年，中关村延庆园绿电示范园区将基本建成，实现自发自用可再生能源绿电100%认证、园区企业100%使用绿电的北京首个100%绿电示范园区。

延庆区可再生能源禀赋较好，可再生能源利用潜力较大。经统计，中关村延庆园园区屋顶已经安装光伏组件4.2万m^2，剩余可敷设光伏组件的屋顶面积约2.5万m^2，可安装规模3MW以上。园区内现有一处超低能耗建筑——朗诗被动房，是园区已投入使用的中关村企业服务之家，在建设期间采用超低能耗建材，为园区超低能耗建筑的建设实施提供了项目示范和借鉴参考。园区积极推动环境生态化发展，延庆高铁站到园区的接驳车100%采用氢能车，而且现阶段延庆氢能产业有先发优势，已建成35MPa和70MPa加氢站以及先进电解水制氢装置并投入使用。延庆风能资源占北京市的70%，园区内光谷路、风谷路等部分道路采用风光互补路灯。园区致力打造便利化生活圈，园区内现有多处中小型篮球场，为民众提供了便捷可达的健身活动场地。

图8-3　中关村延庆园智能微电网项目效果图

图 8-4　中关村延庆园智能微电网项目建设实景

2）张山营镇延庆智能电网研究示范项目

张山营镇延庆智能电网研究示范项目，坐落于张山营镇东门营村西北约0.5km处，以风光储智能微电网为核心，以能源互联和信息综合感知为动向，将电力、供热、供冷、交通系统有机结合，构建"源—网—荷—储"友好互动的能源系统，实现基地能源清洁化、电气化、智能化和互联网化，打造绿色能源绿色低碳示范基地。项目建设屋顶光伏、BIPV、车棚光伏、垂直轴风机、交直流混合微电网、电化学储能、电蓄热锅炉、充电站、智慧路灯、能源调控中心以及园区智能化控制系统，应用V2G（汽车对电网）充电桩、能量路由器、有载调容调压变压器、柔性互联装置等先进设备，并依托园区内建设的储能实验室、交直流配电系统实验室等，打造智能电网研究示范中心，将建设亚洲第一大、世界第二大截面的民用工业风洞，及新能源并网、电力储能、数字化直流配电、电网风环境等实验平台，做到生态智能发配用一体化。

图 8-5　张山营镇延庆智能电网能源利用示意图

8.1.2 建设优势

　　延庆区是首都生态涵养区和京西北重要的生态屏障。中关村延庆园由"北京无人驾驶航空示范区"和"国际体育（冰雪）产业示范区"两个片区组成，总占地面积16.34km^2，重点培育的四大产业集聚企业突破1200家。中关村延庆园作为延庆区发展的重要载体和中关村科技园区的重要组成部分，已经具备了良好的绿色发展基底。

图 8-6　中关村延庆园空间现状示意图

图 8-7　中关村延庆园空间规划图（延庆片区）

图 8-8 中关村延庆园空间规划图（八开片区）

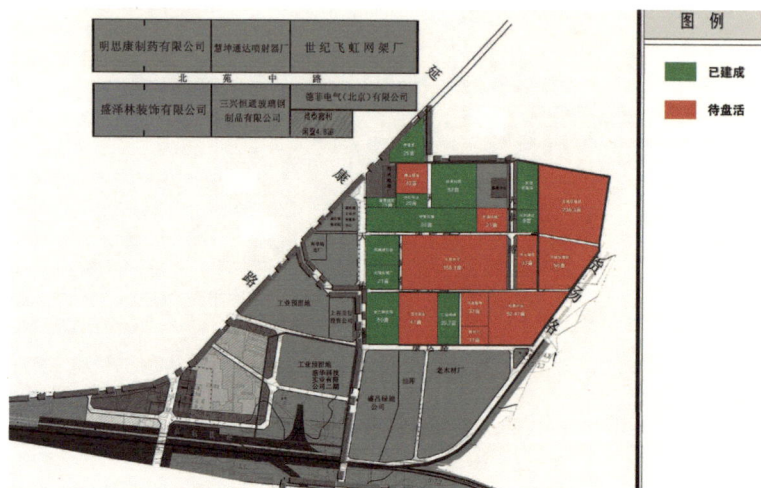

图 8-9 中关村延庆园空间规划图（康庄片区）

延庆区积极推进绿色低碳园区建设，聚焦绿电应用与无人机特色产业发展，积极打造"京西北科技创新特色发展区"，将中关村延庆园建设成北京首个100%绿电示范园区。目前，北京市共有135个国家级绿色工厂，2019年，延庆的金果园老农（北京）食品股份有限公司入选北京市绿色工厂。

延庆区积极申报绿色低碳园区相关奖项，自2014年起，北京市规划和自然资源委员会组织开展"北京市绿色生态示范区"评选工作，截至2020年共17个园区经评审后获得"北京市绿色生态示范区"称号。延庆区2019北京世界园艺博览会园区于2018年获评了"北京市绿色生态示范区"。2024年，延庆奥林匹克园区和延庆休闲度假商务区分别获得了"2023年度北京市绿色生态示范区"和"2023年度北京市绿色生态试点"的荣誉称号。

图 8-10　中关村延庆园实景

8.1.3 机遇与挑战

随着园区产业发展水平和人民群众生活质量逐步提升，绿色低碳园区的发展日渐显著，园区在以下方面具有进一步的提升空间。中关村延庆园未充分挖掘可再生能源利用潜力，部分企业单位工业产值碳排放较高；超低能耗示范建筑未得到规模化推广。绿色产业仍处培育期，企业绿色产品、绿色工厂、绿色供应链等绿色创建工作成效有限，入选市级绿色制造名单的企业仅一家。同时，园区未进行海绵城市设计，应构建生态化雨水控制和利用路径。园区内体育健身设施和活动场地存在分布不均、缺少健身步道的问题，不能完全满足民众步行可达范围内健身设施全覆盖，应进一步建设园区内健身设施，为全民健身创造便利条件。园区内商超配套分布不均，不能满足民众的日常生活、消费购物需求，应在一定的生活圈内加大商超的配套比例，提高民众生活便利水平。园区尚未设置能碳监测管理平台，无法对能源消耗和碳排放进行实时动态监测和管理，应建设数智化能碳管理平台，提升园区智慧化能碳监测水平。园区内充电桩建设比例较低，488个停车位中只有15座充电桩，应加快建设充电桩配套设施，满足园区电动车充电需求。

8.2　建设目标

贯彻落实习近平总书记"加快形成绿色生产方式"，"各地要坚持从实际出发，根据本地的资源禀赋、产业基础、科研条件等，积极促进产业高端化、智能化、绿色化”的讲话精神，加强园区节能减碳，提升园区生活便利度，营造乐业宜居的生产生活环境，助力园区高质量发展。

以中关村延庆园为绿色低碳重点示范园区，张山营镇延庆智能电网研究示范项目为绿电园区示范点。从节能低碳、绿色环保、以人为本三个方面，打造绿色低碳园区样板。到2025年，绿色生态示范区达到2个，国家绿色工厂数量达到2个，建设4万 m^2 的近零碳示范园区。到2030年，绿色生态示范区达到4个，国家绿色工厂数量达到5个，建设8万 m^2 的近零碳示范园区。到2035年，绿色生态示范区达到6个，国家绿色工厂数量达到8个，建设15万 m^2 的近零碳示范园区（表8-1）。

延庆区绿色低碳园区建设目标表　　　　　　表8-1

建设内容	现状数值	建设目标		
		2025年	2030年	2035年
绿色生态示范区（个）	2	2	4	6
国家绿色工厂数量（个）	—	2	5	8
近零碳园区面积（万 m^2）	—	4	8	15

8.3 指标体系

基于延庆现有园区建设情况，充分响应国家、北京市和延庆区园区绿色低碳政策，结合国内外优秀案例，构建延庆区绿色低碳园区指标体系。指标体系分为节能低碳、绿色环保和以人为本三方面，包括针对、影响园区绿色低碳发展的关键性指标6项、体现延庆园区建设特色的特色性指标4项和解决延庆区焦点问题的补短板指标6项，共计16项指标（表8-2）。

延庆区绿色低碳园区指标体系　　　　　　表8-2

指标分类	序号	指标名称	指标要求	指标属性
节能低碳	1	单位工业增加值碳排放强度年下降率	≥5%	关键性
	2	绿电供应率	100%	特色性
	3	园区光伏敷设面积	5万 m^2	关键性
	4	新建建筑可再生能源利用比例	≥10%	关键性
	5	能碳管理平台接入率	≥50%	关键性
	6	超低能耗示范工程数量	≥2个	特色性

续表

指标分类	序号	指标名称	指标要求	指标属性
绿色环保	7	单位工业增加值新鲜用水量	≤8m³/万元	关键性
	8	海绵设施生态化比例	≥50%	补短板
	9	工业固体废物综合利用率	≥50%	关键性
	10	风光互补路灯覆盖率	100%	特色性
	11	公共通勤车和接驳车新能源车使用比例	100%	特色性
以人为本	12	健身运动场地1km覆盖率	≥80%	补短板
	13	商超1km覆盖率	≥80%	补短板
	14	健身步道长度	≥5km	补短板
	15	电动自行车充电设施比例	≥20%	补短板
	16	机动车充电车位比例	≥15%	补短板

指标体系明确了园区进行绿色低碳建设的具体目标，指导园区绿色低碳建设，打造延庆区绿色低碳示范园区。

8.3.1 节能低碳

基于延庆现有园区基础设施建设情况，充分响应国家、北京市和延庆区园区绿色低碳政策，结合国内外优秀案例，从碳排放强度、绿电供应、光伏敷设面积、可再生能源利用、能碳管理平台、超低能耗示范工程等方面，提出六项指标要求。

各项指标定义及计算方法如下。

1）单位工业增加值碳排放强度年下降率

指园区内工业企业产生单位工业增加值所产生的年碳排放量的下降比例。其计算公式如下：

$$单位工业增加值碳排放强度（tCO_2/万元）=\frac{园区碳排放量（tCO_2）}{园区工业增加值总量（万元）}$$

$$单位工业增加值碳排放强度年下降率$$

$$=（1-\frac{园区本年度单位工业增加值碳排放强度}{园区上一年度单位工业增加值碳排放强度}）×100\%$$

2）绿电供应率

园区内拿到绿色电力认证的电力供应量占该园区电力消耗总量的比例。其计算公式如下：

$$绿电供应率 = \frac{绿色电力供应量（kW·h）}{园区电力消耗总量（kW·h）} \times 100\%$$

3）园区光伏敷设面积

指园区新建建筑屋顶安装太阳能光伏组件的面积。

4）新建建筑可再生能源利用比例

园区内工业企业的新建建筑可再生能源使用量与综合能耗总量的比值。其计算公式如下：

$$可再生能源使用比例 = \frac{工业企业新建建筑可再生能源使用量（t标煤）}{工业企业综合能耗总量（t标煤）} \times 100\%$$

5）能碳管理平台接入率

指设置能碳管理系统并接入园区能碳管理平台的企业数量占园区总企业数量的比例。

6）超低能耗示范工程数量

指通过北京市超低能耗建筑专项验收的示范工程数量，包括符合现行北京市标准《超低能耗居住建筑设计标准》DB11/T 1665的城镇居住建筑，符合现行北京市标准《超低能耗公共建筑设计标准》DB11/T 2240的城镇公共建筑，符合《北京市超低能耗建筑示范项目技术要点》（京建法〔2017〕11号附件1）的城镇既有建筑改造项目。

以上各项指标与国内先进案例的对标情况和延庆园区发展水平见表8-3。

节能低碳指标内容一览表　　　　　　　　　　　　　　表8-3

指标名称	指标要求	指标现状	指标来源/依据	国内先进案例对标	指标属性
单位工业增加值碳排放强度年下降率	≥5%	有待提升	《国家生态工业示范园区标准》HJ 274—2015必选指标：单位工业增加值二氧化碳排放量年均消减率≥3%	成都独角兽岛近零碳排放园区，单位产值碳排放控制在30kg二氧化碳以内	关键性
绿电供应率	100%	100%	国家标准《零碳建筑技术标准》送审稿：零碳建筑与区域可采用可再生能源信用与碳信用抵消剩余碳排放量；可再生能源信用可通过绿色电力交易和绿色电力证书交易获取	《深圳市近零碳排放区试点建设实施方案》：购买绿色电力比例≤30%	特色性
园区光伏敷设面积	5万m²	5万m²	《广州市绿色低碳城区建设技术指引（试行）》引导性指标：新建公共机构、工业厂房等建筑屋顶安装太阳能光伏发电系统比例≥50%	通州区五接镇的恒力（南通）产业园设置屋顶分布式光伏发电项目；首都机场航空货运大通关园区的库房屋顶设置太阳能光伏发电系统	关键性

续表

指标名称	指标要求	指标现状	指标来源/依据	国内先进案例对标	指标属性
新建建筑可再生能源利用比例	≥10%	可再生能源利用潜力较大	《国家生态工业示范园区标准》HJ 274—2015可选指标：可再生能源使用比例≥9%	深圳生命谷国际精准医学产业园4个地块可再生能源使用率均大于10%，其中16地块可再生能源使用率高达19.06%	关键性
能碳管理平台接入率	≥50%	未设置能碳管理平台	北京市《绿色生态示范区规划设计评价标准》DB11/T 1552—2018：设立区域能源管理平台，并将单体建筑分类分项计量数据接入管理平台；单体建筑分类分项计量系统或区域能源管理平台与城市能源管理平台联网	北京未来科学城一期完成了能源智能监测中心平台的搭建并投入运行；成都独角兽岛近零碳排放园区在智慧园区数字孪生平台上设置碳排放管理云平台	关键性
超低能耗示范工程数量	≥2个	已建成一处超低能耗建筑，朗诗华北被动房体验中心	《广州市绿色低碳城区建设技术指引（试行）》引导性指标：新建超低能耗建筑面积比例≥20%；近零能耗建筑示范项目≥1个；零碳建筑示范项目≥1个	雄安新区绿色建筑展示中心5号楼建成雄安新区第一个零能耗示范项目；成都独角兽岛近零碳排放园区打造近零能耗示范展厅	特色性

8.3.2 绿色环保

基于延庆现有园区基础设施建设情况，充分响应国家、北京市和延庆区园区绿色低碳政策，结合国内外优秀案例，从新鲜用水量、海绵设施、工业固体废物综合利用、风光互补路灯、新能源通勤车等方面，提出五项指标要求。

各项指标定义及计算方法如下。

1）单位工业增加值新鲜用水量

指园区内工业企业产生单位工业增加值所消耗的新鲜水资源量。其计算公式如下：

$$单位工业增加值新鲜用水量（m^3/万元）=\frac{园区工业用新鲜水耗总量（m^3）}{园区工业增加值总量（万元）}$$

2）海绵设施生态化比例

包括绿地和硬化地面的海绵设施生态化比例，其中绿地的海绵设施生态化比例为绿色屋顶、下凹式绿地、雨水花园、生态水景等有调蓄雨水功能的绿地和水体的面积之和占园区内绿地面积的比例，硬化地面的海绵设施生态化比例为透水铺装面积占园区内硬化地面面积比例。其计算公式如下：

$$绿地海绵设施生态化比例 = \frac{有调蓄雨水功能的绿地和水体的面积（m^2）}{园区绿地面积（m^2）} \times 100\%$$

$$硬化地面海绵设施生态化比例 = \frac{透水铺装面积（m^2）}{园区硬化地面面积（m^2）} \times 100\%$$

3）工业固体废物综合利用率

指工业固体废物综合利用量和工业固体废物综合利用量的比值。其计算公式如下：

$$工业固体废物综合利用率$$
$$= \frac{工业固体废物综合利用量（t）}{工业固体废物总产生量（t）+综合利用往年贮存量（t）} \times 100\%$$

式中，工业固体废物综合利用量指工业园区内工业企业产生的和园区外运送至园区内的，通过回收、加工、循环、交换等方式转化为可以利用的资源、能源和其他原材料的固体废物量（含危险废物），以及当年利用往年的工业固体废物贮存量，如用作农业肥料、生产建筑材料、筑路等。工业固体废物总产生量包括园区内企业产生的工业固体废物量（含危险废物），以及园区外运送至园区内的工业固体废物量（含危险废物）。

4）风光互补路灯覆盖率

指风光互补路灯数量占园区内总路灯数量的比例。其计算公式如下：

$$风光互补路灯覆盖率 = \frac{风光互补路灯数量（个）}{园区内总路灯数量（个）} \times 100\%$$

5）公共通勤车和接驳车新能源车使用比例

指园区内采用新能源的公共通勤车和接驳车数占园区公共通勤车和接驳车总数的比例。其计算公式如下：

$$公共通勤车和接驳车新能源车使用比例$$
$$= \frac{采用新能源的公共通勤车和接驳车数（辆）}{园区内公共通勤车和接驳车总数（辆）} \times 100\%$$

以上各项指标与国内先进案例的对标情况和延庆园区发展水平见表8-4。

绿色环保指标内容一览表　　　　　　　　　　　　　　　　表8-4

指标名称	指标要求	指标现状	指标来源/依据	国内先进案例对标	指标属性
单位工业增加值新鲜用水量	≤8m³/万元	有待提升	《国家生态工业示范园区标准》HJ 274—2015可选指标：单位工业增加值新鲜水耗≤8m³/万元	2021年苏州工业园区万元工业增加值用水量为5.92m³	关键性

续表

指标名称	指标要求	指标现状	指标来源/依据	国内先进案例对标	指标属性
海绵设施生态化比例	≥50%	有待提升	北京市《绿色生态示范区规划设计评价标准》DB11/T 1552—2018：合理规划设计地表雨水径流途径，采用低影响开发模式，增加雨水调蓄量和渗透量，使当地降雨形成的径流总量达到《海绵城市建设技术指南》规定的年径流总量控制要求——年径流总量控制率达到80%（85%）	2019年北京世园会通过低影响开发措施、水质保障及径流污染控制策略的实施，将自然途径与人工措施相结合，在确保城市排水防涝安全的前提下，最大限度地实现雨水在园区的自然积存、渗透和净化，建设"海绵园区"	补短板
工业固体废物综合利用率	≥50%	有待提升	《国家生态工业示范园区标准》HJ 274—2015可选指标：工业固体废物综合利用率≥70%	青岛市绿帆产业园在生产过程中将产生的粉尘回收，作为掺合料用于混凝土和墙板的生产	关键性
风光互补路灯覆盖率	100%	设置比例较高	《深圳市近零碳排放区试点建设实施方案》一般指标：新能源路灯占比≥60%	北京市中关村京西人工智能科技园，在园区道路中设置风光互补路灯；北京常青互联网金融园，沿与主导风向一致的园区路设置风光互补路灯示范带	特色性
公共通勤车和接驳车新能源车使用比例	100%	100%	上海市《绿色工业园区评价导则》DB31/T 946—2021指标引领值：新能源公交车比例100%	武汉光谷使用氢能源示范应用通勤车	特色性

8.3.3 以人为本

基于延庆现有园区基础设施建设情况，充分响应国家、北京市和延庆区园区绿色低碳政策，结合国内外优秀案例，从健身运动场地、商超配套、健身步道、电动自行车充电设施、机动车充电车位等方面，提出五项指标要求。

各项指标定义及计算方法如下。

1）健身运动场地1km覆盖率

指园区运动场地1km服务半径覆盖的园区用地面积占园区总用地面积的比例。

2）商超1km覆盖率

指园区商超1km服务半径覆盖园区用地面积占园区总用地面积的比例。

3）健身步道长度

指园区内健身步道总长度，健身步道是指在场地内设置的供人们行走、慢跑的专用步道，步道宽度不小于1.25m。

4）电动自行车充电设施比例

指电动自行车停车位中配备充电设施的数量占电动自行车停车位总数的比例。

$$电动自行车充电设施比例 = \frac{电动自行车充电车位（个）}{电动自行车停车位（个）} \times 100\%$$

5）机动车充电车位比例

指机动车停车位中配备充电设施的数量占机动车停车位总数的比例。

$$机动车充电车位比例 = \frac{机动车充电车位（个）}{机动车停车位（个）} \times 100\%$$

以上各项指标与国内先进案例的对标情况和延庆园区发展水平见表8-5。

以人为本指标内容一览表　　　　　　　　　　　　表8-5

指标名称	指标要求	指标现状	指标来源/依据	国内先进案例对标	指标属性
健身运动场地1km覆盖率	≥80%	分布不均	《北京市居住公共服务设施配置指标实施意见》：每千人设置250~300m²室外运动场地	中关村丰台科技园在园区内建设了多个篮球场、足球场等运动场地	补短板
商超1km覆盖率	≥80%	商超数量较少，服务半径有限	北京市《绿色生态示范区规划设计评价标准》DB11/T 1552—2018：新建类、限建类的社区级公共服务设施500m服务半径覆盖率达到100%	"中关村·长城脚下的创新家园"建设商业、创新服务及公共服务设施70万m²	补短板
健身步道长度	≥5km	有待提升	《健康建筑评价标准》T/ASC 02—2021：应设置宽度不小于1.25m的健身步道，长度不应小于用地红线周长的1/4且不应小于100m，健身步道铺装应防滑平整	《北京未来科学城建筑绿色低碳指标体系》中要求，设置室外健身步道。室外健身步道的长度应不小于用地红线最长边长，宽度不应小于1m，且不宜小于1.25m	补短板
电动自行车充电设施比例	≥20%	有待提升	北京市新建居住项目《电动自行车相关配建指标》：电动自行车与自行车配建比例最高1:2	广东省光明区在辖区117家园区及大型企业建设电动自行车充电桩，共计划建设充电口5000个	补短板
机动车充电车位比例	≥15%	488个停车位仅配备了15座充电桩，建设比例3.1%	北京市《绿色生态示范区规划设计评价标准》DB11/T 1552—2018：电动汽车充电基础设施规划设计符合北京市现行配建指标要求	成都独角兽岛近零碳排放园区电动车充电桩建设数量不低于20%（办公区不低于25%）	补短板

8.4 行动方案

以习近平新时代中国特色社会主义思想为指导，以"构建绿色低碳美丽园区新场景"为总体目标，对标先进绿色低碳园区案例，从节能低碳、绿色环保、以人为本三个方面，打造绿色低碳园区样板。

8.4.1 实现园区能源清洁化

优化能源结构，提高能源利用效率，减少建筑能源需求，推动能源梯级利用，降低碳排放强度，提高可再生能源使用率，增加屋面光伏敷设面积，开展超低能耗建筑示范，积极推进绿电交易，建立园区能碳智能管理平台，实现园区节能低碳目标。

1）优化能源结构，降低园区碳排放强度

《北京市延庆区碳达峰实施方案》提出，"'十四五'期间，单位地区生产总值能耗持续下降，二氧化碳排放持续保持全市先进水平，安全韧性低碳的能源体系建设取得阶段性进展，碳达峰、碳中和的政策体系和工作机制进一步完善。到2025年，可再生能源消费比重、单位地区生产总值能耗、单位地区生产总值二氧化碳排放、碳排放总量确保完成市级下达任务目标。'十五五'期间，单位地区生产总值能耗和二氧化碳排放持续下降，经济社会发展全面绿色转型取得显著成效，碳达峰、碳中和的政策标准体系取得实施成效。到2030年，可再生能源消费比重持续提高，单位地区生产总值二氧化碳排放确保完成市级下达任务目标，确保2030年前顺利实现碳达峰目标"。

园区碳排放包括建造阶段碳排放和运行阶段碳排放，其中运行阶段碳排放占园区全生命期碳排放的60%~70%，比重较大但仍有可以调控的潜力，因此，需要对园区运行碳排放进行重点关注。目前，中关村延庆园二氧化碳排放呈现波动上升趋势。2020年园区规上企业二氧化碳排放量为6.01万t，2016—2020年均复合增长率为15.69%。电力2020年碳排放量为2.75万t，占比45.8%，2016—2020年均复合增长率为10.9%。天然气2020年碳排放量为2.63万t，占比43.7%，2016—2020年均复合增长率为97.4%。柴油2020年碳排放量为0.56万t，占比9.4%。2016—2019年，柴油碳排放快速增长，年均复合增长率为26.2%，2019—2020年柴油碳排放量快速下降，下降率为31.2%。

中关村延庆园将通过优化能源结构，提升清洁能源和可再生能源使用比重，提高建筑绿色低碳水平，构建高效绿色交通网络，建设数智化能碳管理平台；调整产业结构，严控高耗能高排放项目入园，引进绿色低能耗产业，促进园区内企业的技术创新和工艺升级，构建现代化绿色低碳产业体系，涵盖清洁能源、节能环保、资源循环利用等多个领域，形成产业集群效应，提高产业的整体竞争力和可持续发展能力；实现单位工业增加值碳排放强度年下降5%的目标，从而发挥示范引领作用，助力绿色低碳区域发展格局。

2）积极推进绿电交易，提高绿电供应率

为探索走出一条新时代生态优先、集约高效、绿色低碳的产业园区高质量发展之路，推进中关村延庆园建设绿电示范园区，北京市经济和信息化局与延庆区人民政府在2024年4月11日联合印发《中关村科技园区延庆园绿电示范园区建设实施方案》。目标到2025年，中关村延庆园将基本建成北京首个100%绿电示范园区，实现自发自用可再生能源绿电100%认证、园区企业100%使用绿电。到2030年，绿电示范园区政策体系基本健全，形成一套可复制推广的评价指标体系和典型做法。

中关村延庆园先行先试一批绿电交易政策创新，建立面向包括中小企业在内的便捷绿电交易机制。2024年5月27日北京市延庆区发展改革委发布了《延庆区中关村延庆园企业绿电、绿证交易补贴措施》（征求意见稿）推动绿电交易落地。目前园区内已有企业率先尝试绿电交易，北京中泰邦医药科技有限公司和北京合锐赛尔电力科技股份有限公司通过参与绿电交易，实现了生产成本的显著降低，满足了生产过程碳排放的严格控制。

为实现中关村延庆园绿电供应率达到100%，园区推动建设一批绿电示范项目，如龙源电力延庆1.6MW屋顶光伏电站项目和北京市新能源产业基地智能微电网建设工程项目。项目包含光伏及风力发电系统和各类储能系统，满足近期园区绿色供电；充分运用了绿色能源、高可靠供电、智能用电等先进理念及技术，提升了园区绿电自产自用比例和绿电供应能力。到2025年，中关村延庆园将实现园区产业规模达到百亿级。到2030年，中关村延庆园将显著提高招引高质量企业能力，实现"被动招商"到"主动引商"转变，形成2~3个百亿产业集群。

3）充分利用太阳能资源，推动屋顶光伏建设

太阳能光伏发电碳排放低，是园区降碳的主要途径。延庆区太阳能资源丰富，每年日照数有2800小时，水平面总辐照量为1648kW·h/m²，固定式发电最佳斜面总辐照量为1957kW·h/m²。根据《北京延庆区分布式光伏发电项目管理暂行办法》的要求，推进在高端功能产业园区中建设分布式光伏发电系统，园区屋顶光伏面积覆盖率不低于50%，对分布式光伏发电按照全电量补贴，每发1度电补贴标准为每千瓦时0.32元（含税），奖励期限20年。

目前，中关村延庆园园区屋顶已经安装光伏组件4.2万 m^2，已建成的龙源电力延庆1.6MW屋顶光伏电站项目，年等效满负荷运行小时数已达1181小时，每年为园区提供近200万 kW·h 的绿电，满足项目所在孵化园区使用电负荷的25%以上；已建成的北京市新能源产业基地智能微电网建设工程项目，建设光伏发电1.8MW，年发电量225万 kW·h，有效帮助新能源产业基地节能降碳。

中关村延庆园将进一步推进屋顶光伏发电设施建设，通过摸排厂房高度，房屋朝向、空旷区域面积等条件，力争"宜建尽建"；实现具备条件屋顶光伏全覆盖，达到屋顶敷设5万 m^2 光伏发电设施的目标，年均发电量不小于420万 kW·h，年减碳排0.34万 t；从而有效支持绿电示范园区建设，切实保障中关村延庆园低碳运行。

4）立足延庆资源禀赋，提高可再生能源利用率

提高可再生能源利用率可以优化园区的能源结构，减少园区对传统能源的依赖，提高园区自主供能能力并有效减少碳排放强度。《"十四五"可再生能源发展规划》提出了可再生能源非电利用目标："2025年，地热能供暖、生物质供热、生物质燃料、太阳能热利用等非电利用规模达到6000万 t 标准煤以上"。延庆区拥有富饶的自然资源，为可再生能源利用率提供了天然条件，风能资源占北京市的70%，深层地热资源丰富，可供暖面积约为300万 m^2，且浅层低温地热资源普遍存在。

中国科学院风能利用重点实验室（延庆基地）入驻中关村延庆园后，积极在延庆（康庄区）开展风能热利用项目，推动风能热利用项目迈出重要步伐，为延庆区实现可再生能源供暖科技创新注入新动力。中国科学院工程热物理研究所研究员们，依据康庄镇地域、风能等特点进行"量身定制"，进行康庄镇风热机组与地源热泵多能互补智慧能源系统工程示范建设。

为提高园区的可再生能源利用率，对于园区新建建筑要求供热应考虑可再生能源，耦合供热系统中可再生能源供热装机占比原则上不小于项目总装机的60%（新建建筑总装机供热中不包含工艺生产类用热）。园区内可再生能源充裕，供热系统可根据资源和经济性优选，如地热资源——地源热泵系统、废热资源——污废水厂再生水源系统、余热资源——数据中心余热系统或燃气锅炉和燃气热电厂的烟气余热系统、空气能资源——空气源热泵系统、风能资源——风热机组系统等。延庆园太阳能资源禀赋充沛，园区内新建建筑屋顶光伏面积覆盖率不宜低于50%。实现园区内新建建筑可再生能源利用比例达到10%，其中综合能耗总量不包含工业生产的耗电、耗热、耗水等能耗。可再生能源使用量不包含建筑物外部直供绿电（建筑物本体设置的光伏发电系统的绿电可计入可再生能源使用量）。

5）构建能碳管控体系，建设数智化能碳管理平台

北京市经济和信息化局与延庆区人民政府在2024年4月11日联合印发的《中关村科技园区延庆园绿电示范园区建设实施方案》中提到建立数智化能碳管理平台，园区重点企业将设置能碳智能管理系统，并接入数智化能碳管理平台，企业接入率不低于60%。系统能够通过算法及模型监测企业能源系统的运行状态和碳排放情况，识别能源使用的低效环节和浪费点，评估各环节的能效水平，为企业提供针对性的能效提升建议。

数智化能碳管理平台将接入区内风电、光伏、储能，以及电网、环境等子系统，对用能数据进行采集、计量、核算，对能源消耗和碳排放进行实时动态监测和评价。构建设备、车间、厂区、园区多层次的能源、碳排放的优化与精益管控体系，集成应用智能传感、大数据和区块链等数字技术，实现企业生产过程能源、碳排放的采集、追踪分析、核算。

中关村延庆园数智化能碳管理平台实时进行能耗异常提醒、碳足迹分析等，为企业评估各环节的能效水平，并提供针对性的能效提升建议（建议包含设备升级、工艺改进、能源结构调整等），为企业量身定制最优能源方案。

6）减少建筑能源需求，开展超低能耗建筑示范

建筑作为园区能耗及碳排放的主要来源之一，应在规划设计阶段优化建筑布局，并通过被动式设计手段和精细化节点设计降低建筑能源需求，从源头降低建筑碳排放。《2030年前碳达峰行动方案》《城乡建设领域碳达峰实施方案》《关于完善能源绿色低碳转型体制机制和政策措施的意见》等一系列政策文件均提出应提升建筑节能标准，推动超低能耗建筑、低碳建筑规模化发展，鼓励建设零碳建筑和近零能耗建筑。《北京市延庆区碳达峰实施方案》提出大力发展节能低碳建筑，到2025年，累计推广超低能耗建筑规模达到3.23万m^2。

超低能耗建筑是应对目前我国降低建筑用能需求较适宜且较优化的高品质建筑，即通过适应气候特征和场地条件，充分利用自然通风、天然采光以及围护结构保温隔热等技术措施，采用高效能源设备，最大幅度降低建筑供暖、空调、照明能耗。中关村延庆园现有一处超低能耗示范建筑——朗诗华北被动房体验中心，位于北京八达岭经济开发区风谷四路8号院22号楼，为被动式超低能耗改造项目。根据德国被动房研究所PHPP软件验算，项目总一次能耗为110kW·h/(m^2·a)，年可再生一次能耗49kW·h/m^2，满足德国PHI Plus级别的认证要求。2018年3月10日，在德国慕尼黑第22届世界被动房大会上，朗诗华北被动房体验中心项目获得德国PHI Plus金奖认证。

图 8-11 朗诗华北被动房体验中心实景照片

中关村延庆园将积极推动超低能耗建筑的建设，在园区内选择规模适宜的办公、宿舍等建筑，根据建筑功能和环境资源条件，以气候环境适应性为原则，以降低建筑供暖年耗热量和供暖年耗冷量为目标，优化建筑空间布局，合理选择和利用景观、生态绿化等措施，充分利用天然采光、自然通风，结合高性能的建筑保温隔热系统、门窗及遮阳等被动式建筑设计手段，采用气密性及热桥处理技术、高效能源设备、能耗监测平台等措施，最大幅度降低建筑供暖、空调、照明能耗，开展超低能耗建筑示范，至少建设两个超低能耗工程示范项目。

高效保温系统、高效机电系统以及可再生能源的利用是建设超低能耗建筑的主要技术措施，建成后可有效减少煤、天然气、电等不可再生能源的消耗，缓解能源短缺的压力，减少二氧化碳以及污染物的排放，还能为人们提供更加舒适、健康的居住环境，推动建筑行业的可持续发展，实现人、建筑与环境的友好共生。同时，超低能耗建筑运行可以节约项目的供冷供暖费用，为园区带来经济效益。中关村延庆园可结合项目条件，推动超低能耗建筑、低碳建筑及更高性能更高质量建筑的规模化建设，起到示范引领的效果。

8.4.2 推动园区环境生态化

采用节水型生产方式，降低生产过程中的新鲜水耗；推进海绵园区建设，构建生态化雨水控制和利用路径；加强资源循环利用，提高工业固体废物综合利用率；设置风光互补路灯，鼓励园林景观采用风光互补照明系统；提高园区物流配送、公务用车等的新能源汽车比例,公共领域用车基本实现新能源化,建设绿色环保的园区环境。

1)提高用水效率,降低生产过程中的新鲜水耗

限制单位工业增加值新鲜用水量是绿色低碳园区建设的重要措施之一。通过这一措施的实施,可以推动园区内的企业向更加环保、低碳的生产方式转变。《北京市"十四五"节水型社会建设规划》提出:到2025年,健全用水总量管控体系,水资源利用效率和效益保持全国领先水平,并要求万元地区生产总值用水量和万元工业增加值用水量较2020年分别降低10%。《延庆区"十四五"时期延庆园发展规划(2021—2025)》中要求单位地区生产总值水耗(m³/万元)呈持续下降趋势。

中关村延庆园的主要业态为园艺科技产业、新能源与节能环保产业、体育科技产业、无人机产业,其中园艺科技产业的新鲜水耗较大。中关村现代园艺产业创新中心,引入先进的节水灌溉技术,如微灌、滴灌、喷灌等,这些技术能够以较低的水流量对植物进行高精度的灌溉,有效减少水资源的浪费,优化灌溉制度。

鼓励园区内的企业采用先进的技术和设备,如高效冷却塔、节水型阀门、智能控制系统等,并根据园区产业类型因地制宜选择合理的节水措施。园艺产业类园区应推广微灌、滴灌等节水灌溉技术,精准控制灌溉水量,减少水分蒸发和渗漏损失;实施农艺节水,通过等雨施肥技术、水肥一体化等技术,提高土壤保水能力;建设智能灌溉制度,通过实时监测和自动控制,实现灌溉水量和时间的精准控制,避免过度灌溉和水资源的浪费。工业生产类园区,在工业生成过程中,推广循环用水、废水回用等技术,减少新鲜用水量。对现有生产设备和工业进行节水技术改造,优化生产流程、改进进水方式,实现园区内单位工业增加值新鲜用水量不大于8t/万元的目标,减少园区总能源消耗量。

2)构建生态化雨水控制和利用路径,建设海绵园区

2013年12月12日,习近平总书记在中央城镇化工作会议上作出重要指示,要求"建设自然积存、自然渗透、自然净化的海绵城市"。2015年10月,《国务院办公厅关于推进海绵城市建设的指导意见》,明确了"通过海绵城市建设,综合采取'渗、滞、蓄、净、用、排'等措施,最大限度地减少城市开发建设对生态环境的影响,将70%的降雨就地消纳和利用。到2020年,城市建成区20%以上的面积达到目标要求;到2030年,城市建成区80%以上的面积达到目标要求"的工作目标,并提出"全国各类园区要全面落实海绵城市建设要求"。

海绵设施生态化是一种以自然生态为导向的城市建设理念,可减少城市内涝、改善水环境、提升生态质量。延庆区作为北京市的生态涵养区,在园区通过一系列海绵设施的建设,可实现对雨水的自然积存、自然渗透、自然净化和可持续利用。海绵设施生态化的主要措施包括绿色屋顶、下凹式绿地、雨水花园、生态水景、透水铺装等。中关村延庆园通过对绿地和硬化地面的海绵设施比例进行双控，即同时要求绿色屋顶、下凹式绿地、雨水花园、生态水景等有调蓄雨水功能的绿地和水体的面积之和占绿地面积的比例不小于50%，以及透水铺装地面占园区内硬化地面面积比例不小于50%，使海绵设施生态化比例达到50%。

海绵设施生态化建设能够有效收集雨水，大大提高雨水资源的利用率；通过透水铺装、绿色屋顶等设施，减少雨水形成地表径流的速度和总量，显著降低城市内涝的风险，增强城市韧性；雨水经过自然渗透补充地下水资源，能够缓解地下水位下降，改善园区的水文地质条件，维持生态平衡，净化园区内的水质，减少对清洁水源的依赖。透水铺装和绿色屋顶可以降低园区内的热岛效应，改善园区微气候。中关村延庆园根据园区的功能，统筹可绿化建筑屋面、无污染的硬质地面，采取屋顶绿化、下凹式绿地等措施，通过低影响开发措施、水质保障及径流污染控制策略的实施，将自然途径与人工措施相结合，在确保城市排水防涝安全的前提下，最大限度地实现雨水在园区的自然积存、渗透和净化，提高园区雨水积存和蓄滞能力，建设海绵园区。

3）推进固废危废治理体系建设，提高工业固体废物综合利用率

党中央、国务院高度重视固体废物污染防治工作。党的十八大以来，以习近平同志为核心的党中央把生态文明建设和生态环境保护摆在治国理政的突出位置，重视对固体废物污染防治工作。习近平总书记先后多次作出有关重要指示批示，主持召开会议专题研究部署固体废物进口管理制度改革、生活垃圾分类、塑料污染治理等工作，亲自推动有关改革进程。《北京市延庆区碳达峰实施方案》中也提出，大力推动循环经济，加强废旧物资循环利用。

工业园区的生产过程中会产生大量的工业固体废物，以尾矿、煤矸石、粉煤灰、冶炼废渣、燃煤炉渣以及工业副产品石膏等为主。工业固体废物的综合利用方式有资源回收利用（如金属回收、材料再生）、能源转化利用（如焚烧发电、热解气化）、建筑材料生产、土地利用等。

中关村延庆园积极配合全区开展固体废物整治工作，2020年，延庆园环境统计入统企业一般工业固体废物产生量为849.45t，较2016年减少577.33t，危险废物产生量为52.55t，园区委托北京金隅红树林环保技术有限责任公司等第三方进行处置，固体废物处置率达到100%。园区围绕循环经济关键技术与装备研发、废物再循环利用、再生能源利用等方面，制定《中关村延庆园循环化改造实施方案》。设立循环经济关键技术和装备研发专项，鼓励华润泰达、中科宇清等企业围绕大宗固废综合利用、污水集中收集处理及回用等领域，突破一批绿色循环关键共性技术。

对工业固体废物的综合利用，可大幅减少因随意堆放、填埋或焚烧固体废物带来的土壤、水体和大气污染，减少对土地的占用，而且，对工业固体废物进行能源转化利用，如焚烧发电或热解气化，能够替代部分化石能源，从而减少温室气体的排放。同时，在生产建材等过程中，也能减少因传统生产方式带来的高碳排放。因此，延庆园区大力推动循环经济，推进固废危废治理体系建设，使中关村延庆园工业固体废物综合利用率达到50%，发展工业固体废物综合利用产业，带动上下游产业链，为园区创造更多的就业机会和经济增长点。

4）稳妥有序开发风能，设置风光互补路灯

风光互补路灯是一种利用风能和太阳能进行发电，为路灯提供能源的照明设备。通常由小型风力发电机、太阳能电池板、蓄电池、控制器、灯具等部件组成。太阳能电池板将太阳能转化为电能，风力发电机将风能转化为电能，在控制器的调节下，将电能存储到蓄电池中。当夜晚或光线不足时，控制器自动将蓄电池中的电能释放出来，点亮路灯。《北京市延庆区碳达峰实施方案》中也提出，大力发展可再生能源，稳妥有序开发风能。

延庆的风能资源占北京市风能总量的70%，适宜架设风力发电设施。目前，园区光谷路、风谷路等部分道路设置了风光互补路灯，未来将继续建设，实现园区内的市政道路全部设置风光互补路灯，并鼓励园林景观采用风光互补照明系统。

风光互补照明系统采用的供电能源为风能和太阳能，不仅减少了路灯照明系统对常规供电方式的依赖，还保证了在不同气候环境下路灯照明的稳定性。风光互补路灯可以节约电线架设成本，易安装易维护；实现智能控制，可分为时控、光控等多种自动控制方式，兼具安全性和经济性，为园区内行人和车辆提供良好的照明条件，减少夜间交通事故的发生概率。路灯的造型与周围环境相融合，提升城市和乡村的景观品质。同时，风光互补路灯作为新能源利用的示范项目，能够引导公众增强对可再生能源的认识和使用，推动绿色能源转型。

5）打造绿色出行体系，采用新能源通勤车

2014年7月21日，《国务院办公厅关于加快新能源汽车推广应用的指导意见》，要求积极引导企业创新商业模式。在公共服务领域探索公交车、出租车、公务用车的新能源汽车融资租赁运营模式，在个人使用领域探索分时租赁、车辆共享、整车租赁以及按揭购买新能源汽车等模式，及时总结推广科学有效的做法。《北京市延庆区碳达峰实施方案》中要求，全区公交车辆实现能源清洁化。新能源车辆主要包括纯电动汽车、燃料电池汽车、氢动力汽车等，不包括油电混合动力汽车、燃气汽车等产生直接碳排放的汽车。公共通勤车指具有固定的时间和行驶路线，用于满足职工上下班及其他工作需求，往返于职工主要居住区及其他工作关联园区之间的车辆，通常有固定的时间和行驶路线。接驳车指在园区内部往返于各分区、各楼座之间的短途车辆，或可与公共交通站点接驳、能够提供定时定点服务的车辆。

中关村延庆园积极推动环境生态化发展，延庆高铁站到园区的接驳车采用氢能，而且现阶段延庆氢能产业有先发优势，已建成35MPa和70MPa加氢站以及先进电解水制氢装置并投入使用。目前，延庆高铁站—中关村延庆园接驳车已开通运行，接驳车的发车时间根据高铁的运行时刻表进行安排，从延庆高铁站至中关村延庆园孵化器，车程30分钟，每天从早上6点45分到晚上7点20分，共6个班次；回程从中关村延庆园孵化器至延庆高铁站，车程30分钟，每天从早上8点50分到晚上6点40分，共5个班次。中关村延庆园依托延庆氢能产业先发优势，建设园区绿色公共交通体系，公共通勤车和接驳车新能源车使用比例达到100%。

图 8-12　中关村延庆园氢能通勤车

中关村延庆园推动智能化交通管理和智能化交通服务体系建设，依托延庆氢能产业先发优势，研究建设园区氢能公共交通体系，提高绿色出行比例，降低员工通勤产生的碳排放，打通"最后一公里"。新能源汽车的使用可直接影响园区交通碳排放强度。氢燃料电池在交通领域的应用具有综合对比优势，对助力延庆园区零碳交通高质量发展，具有重要意义。

8.4.3 实现园区生活便利化

完善园区配套设施，提升体育健身、休闲娱乐、文化体验等服务供给水平，建设健身步道；打造绿色便捷的全民健身运动环境；健全园区商业配套；加快汽车、电动自行车充电设施建设，打造以人为本的园区空间。

1）提升体育健身服务供给水平，合理布置健身运动场地

2022年6月，北京市体育局等部门联合印发了《北京市全民健身场地设施建设补短板五年行动计划（2021年—2025年）》，旨在补齐首都市民健身场地设施短板。该计划的主要目标为：到2025年，全民健身场地设施空间布局更加均衡，群众身边的健身场地设施有效供给大幅增加，户外运动公共服务设施逐步完善，全民健身产品和服务更加丰富。近年来，北京市着重打造"15分钟健身圈"，加强城市绿道、健身步道、自行车道、全民健身中心、体育健身公园、社区文体广场以及足球、冰雪运动等群众身边的场地设施建设。中关村延庆园园区内的体育科技创新园，在冰雪体育产业和体育科技方面有着显著的发展，企业之家内设有健身活动空间，但园区内体育健身设施和活动场地存在分布不均的问题。

中关村延庆园通过评估园区内及周边居民的运动需求和偏好，包括不同年龄层、不同运动项目的需求，考虑园区的整体规划和定位，选择交通便利、易于到达的地点，根据园区的地形、地貌和现有设施进行合理布局，确保运动场地与周边环境的和谐共生。参照相关国家标准和行业标准，建设健身运动场地，完善园区健身运动配套设施，提升体育健身服务供给水平，打造绿色便捷的全民健身运动环境，最终实现半径1km范围内健身运动场地覆盖率达到80%的建设目标。

2）增强园区整体商业氛围，健全园区商业配套

中关村延庆园的商超配套分布不均，部分区域表现出商超数量不足、种类单一、规模较小等问题，导致园区内居民和员工的购物需求得不到充分满足，一定程度上影响其生活质量和工作效率。园区中已有一部分商超配套的建设案例，但数量较少，服务半径有限。

中关村延庆园应根据自身的发展定位、人口规模、产业结构等因素，制定详细的商超配套规划，明确商超的数量、规模、位置等，确保商超设施与园区的整体布局相协调。园区商超配套设施的建设与周边村镇、社区等建立合作关系，加强与周边地区的合作，共同推动商超等配套设施的建设和发展。通过资源共享和协同发展，提升园区的整体商业氛围和吸引力。可引入第三方服务机构，如物流配送、售后服务等，为商超等商业设施提供全方位的服务支持，提升商超设施的服务质量和效率。通过科学的规划布局，优化用地配置，有序引入餐饮、咖啡厅、超市等商业设施，健全园区商业配套，最终实现半径1km范围内商超覆盖率达到80%的建设目标。

3）打造便捷全民健身环境，构建安全舒适的步行系统

2022年6月，北京市体育局等部门联合印发了《北京市全民健身场地设施建设补短板五年行动计划（2021年—2025年）》，其主要目标中提及："全民健身场地设施充分融入老旧小区、社区公共服务中心、商业楼宇、公园绿地，打造城市慢跑路线，形成更有活力的城市街景。"健走或慢跑是便捷且喜闻乐见的健身方式。目前园区内存在缺少健身步道或健身步道长度不足的问题，多呈现分散且独立的缺陷，尚未实现连续、安全的运动空间，这在一定程度上影响了步道的整体使用体验和健身效果。

中关村延庆园根据其自身的条件和特点，结合区内休闲绿道建设，规划出流畅且连贯的步道，并优化沿途人工景观，合理布置配套设施，在建筑场地中营造一个便捷的健身环境。健身步道应基本连续，适宜的步道宽度为1.2m，且设置明显的人行标识，可保证日常健身步行的通畅和安全。步道采用防滑和环保的材料，尽量避开车行道，要有建筑或绿化带与车道隔离，避免吸入汽车尾气。在中关村延庆园中，构建安全、连续、舒适的步行系统，最终实现沿绿、沿路建成5km长度健身步道的建设目标。

4）便利员工低碳出行，电动自行车充电设施

电动自行车作为一种便捷、低碳的交通工具，已被广泛使用，对充电设施的需求也日益增长。2024年7月，北京市政府召开常务会议，研究深化交通综合治理，深入开展电动自行车全链条整治，全面开展重点场所周边停放秩序治理，完善充电、停放等配套基础设施。电动自行车充电设施包括智能充电插座、交流充电桩、充电柜、换电柜及其配套的供电系统、计量设备等，可以根据园区实际需求，设置智能充电插座、交流充电桩、充电柜、换电柜等设施。

为便利员工低碳出行，保障非机动车充电、停驻需求，园区内应设置非机动车充电停车位。应综合考虑园区分区及园区开口、建筑功能及建筑主要出入口，根据场地布局，合理配置充电停车位及充电设施，保证电动自行车停车位占自行车车位的比例达到20%。非机动车停车区宜邻近楼座入口，提高停车位的便捷度与实用性，鼓励与道路零高差易停放。提供电动自行车集中充电设施的非机动车停车区，应设置遮阳防雨设施，保护充电设施及防火安全，提高使用者的舒适度。部分园区内遮挡较少，或存在较多厂房仓库，要避免电动自行车充电设施设置在高温、易燃易爆场所，不应与火灾危险性为甲或乙类的厂房、仓库及设有可燃易燃外保温层的建筑贴邻设置。

为电动自行车用户提供便捷的充电场所，解决用户充电难的问题，减少因"飞线充电"、在楼道或办公区等公共区域充电引发的火灾隐患。集中充电设施安装在通风良好、远离易燃物的位置，进一步保障充电过程的安全。员工可以在园区内方便地找

到充电设施进行充电，可大大提高电动自行车的使用便利性，有助于对电动自行车充电行为进行规范管理。还可以通过智能充电设施实现充电时间、费用的统一管理，避免乱收费和无序充电现象，从而鼓励更多人选择电动自行车作为绿色出行方式，减少交通碳排放，缓解城市交通拥堵和环境污染问题。

5）降低交通碳排放，建设机动车充电车位

随着新能源车保有量逐年提高，充电需求不断上升。2023年6月19日发布的《国务院办公厅关于进一步构建高质量充电基础设施体系的指导意见》，为满足园区内电动车日益增长的充电需求，加快了充电桩配套设施的建设步伐。

中关村延庆园内充电桩的建设比例有待提高，设施智能化水平有待加强，目前园区有488个停车位（叶片厂91个、体育园103个、服务中心112个、孵化器182个），其中配备了15座充电桩（体育园10座、孵化器5座），建设比例为3.1%。

根据园区实际情况，加速建设充电设施。充分调研企业的充电需求，综合考虑车流量、停车便利性、电网接入条件等因素，在园区主要出入口附近、高频使用的停车场以及人流密集区域建设充电桩，实现园区充电桩建设比例达到园区车位总数的15%。通过科学合理的规划和布局，为园区内的电动汽车用户提供更加便捷、高效的充电服务。

第9章

—— 景区

多样多元生境，全季全龄友好

延庆区作为首都生态涵养区，长期坚持绿色发展的道路，贯彻落实习近平总书记"发展旅游经济要坚持开发与保护并重"，"原生态是旅游的资本，发展旅游不能牺牲生态环境[1]"，"像守护家园一样守护好长城，弘扬长城文化，讲好长城故事[2]"的重要讲话精神，取得了一系列丰硕的成果：生态品质保持北京市一流，空气更清新、水土更秀美、环境更宜人、绿色发展势能不断增强，全域旅游加速融合发展，拥有长城、世园和冬奥三张"金名片"。

9.1 基础现状

9.1.1 基本情况

多年来，延庆区坚持生态立区，坚定不移践行"两山"理念。在景区建设方面，延庆区积极探索"绿水青山就是金山银山"的转化路径，以习近平新时代中国特色社会主义思想为指导，深入贯彻党的二十大精神，全面落实习近平总书记视察北京的重要讲话精神及北京市委、市政府决策部署，准确把握新发展阶段、贯彻新发展理念、融入新发展格局。

先后发布了《延庆区"十四五"时期文化和旅游发展规划（2021—2025）》《延庆区全域旅游发展三年行动计划（2023—2025年）》及《北京市延庆区全域旅游提质升级行动计划（2024—2028年）》。立足生态涵养区功能定位，紧抓后冬奥时期的发展机遇，以京张体育文化旅游带建设为牵引，以三张"金名片"联动为重点，突出绿色发展，统筹推动文化旅游发展与生态建设、城乡发展和民生改善等有机结合。坚持守护好绿水青山，不仅为首都的生态环境建设贡献力量，也实现了景区的高质量发展。

作为北京市重要的旅游胜地和生态涵养区，延庆区拥有良好的生态环境和丰富的旅游资源，是首批国家旅游示范区。景区数量列北京市前茅，全区共有风景名胜及公园30余处，A级景区14个，其中3A级及以上景区12个。景区类型丰富多样，包括龙庆峡、百里山水画廊、玉渡山等自然风光类，八达岭长城、古崖居等人文历史类，八达岭世界葡萄博览中心等观光博览类，北京世园国际旅游度假区、野鸭湖湿地公园等主题公园类。景区质量国际一流，包括世界文化遗产、国家首批重点文物保护

---

[1] 2020年3月31日习近平总书记考察杭州湿地保护利用和城市治理情况时的讲话。
[2] 2024年习近平总书记回信勉励北京市八达岭长城脚下的乡亲们。

单位、5A级景区八达岭长城，博览类公园、北京市绿色生态示范区、4A级景区北京世园国际旅游度假区，以及全国首批国家旅游生态示范区、北京市首个国家级湿地公园、4A级景区北京野鸭湖国家湿地公园。

图 9-1　延庆区全域旅游地图

1）八达岭长城景区

八达岭长城景区，位于北京市延庆区军都山关沟古道北口，是万里长城的杰出代表，明代长城中最为精华的地段，占地面积约1.9万㎡。八达岭长城景区以高标准景区服务、高质量景区环境、高水平景区运行为发展目标，先后荣获"中国十大风景名胜区之首""中国旅游胜地四十佳之首""全国社会治安综合治理先进单位""首都旅游'紫荆杯'最佳景区""北京旅游世界之最""全国文明旅游风景区""全国首批5A级旅游景区"等，被《中国旅游报》誉为"中国旅游业的第一品牌"。

景区购票服务国际化，售票平台"长城内外"已开通护照及永久居留证购票功能，并提供多样化检票服务；景区垃圾设施智能化，设有50个透明垃圾桶引导游客分类投放垃圾，并设置6台智能压缩垃圾桶，提高空间利用率；景区教育研学多样化，依托景区自然资源、人文历史底蕴，开展长城文化、生态自然、公益环保、农耕文化等研学活动；景区运维智能化，设置智慧景区数据分析平台，集成数据采集分析、指挥中心屏幕展示、监控系统数据对接等功能，为景区管理、游客服务、文物保护及宣传方面提供数据支撑。

图 9-2　八达岭长城秋景

图 9-3　八达岭长城雪景

2）北京世园国际旅游度假区

北京世园国际旅游度假区位于延庆区西南部，妫河从中穿过，背靠海陀山脉，湖光山色交相辉映，占地面积 542 万 m²。作为 2019 世界园艺博览会的承办地，度假区遵循生态优先、师法自然的理念，在建设过程中，充分利用现状植被资源，保留了现状树木约 5 万棵，并新增乔木约 5 万棵、新增灌木约 13 万棵，构建绿色生态大本底；用能理念充分体现"可再生能源利用＋多能互补"，采用地源热泵、太阳能光伏等为度假区供冷、供热；度假区内大型公共建筑中国馆、国际馆和生活体验馆为三星级绿色建筑；并于 2018 年荣获"北京市绿色生态示范区"称号。

五年来，北京世园国际旅游度假区充分发挥"世园"品牌影响力和引擎带动作用，致力于打造高品质的度假旅游及生态研学示范景区。度假区以"永不落幕的世园会"为目标，打造国家级体育旅游示范基地、生态文明示范基地、生态旅游和休闲度假目的地；不断开展特色生态研学活动，以北京国际花园节和北京世园花灯艺术节等品牌节事活动为重点，结合"生态＋园艺""生态＋体育""生态＋音乐""生态＋演艺""生态＋研学"五个方向开展活动，构建生态旅游新景观。

图 9-4　北京世园国际旅游度假区

图 9-5　北京世园国际旅游度假区国际馆

3）延庆奥林匹克园区

延庆奥林匹克园区为北京 2022 年冬奥会和冬残奥会部分比赛项目承办地，位于风景秀丽的北京第二高峰小海陀山谷之中，总面积 1600 万 m²，主峰小海陀海拔

2198m，是北京地区已开发的第一高峰和海拔最高景点；主要包括国家高山滑雪中心、国家雪车雪橇中心、延庆冬奥村、山地新闻中心四大场馆以及冬奥展示中心、096度假村、西大庄科冰雪小镇三项配套设施。园区绿色建筑、室内场馆实施绿色建筑三星级设计，雪上场馆严格执行《绿色雪上运动场馆评价标准》DB11/T 1606—2018；园区坚持生态保护优先，完成216万 m^2 生态修复，包括8.1万 m^3 剥离表层土全部回用于高山草甸，3500 m^2 亚高山草甸"完美回归"，300余株山地树木原地保护，1.1万株灌草就近移植，2.5万株乔木迁地移植；园区100%采用绿色电力，为史上首届能源全部使用清洁能源的绿色奥运建设场馆之一。

截至2024年9月，园区已累计接待游客超过70万人次，举办会议会展1100余场，承接团队活动1400余个，开展青少年研学4万人次，冬奥村客房销售量突破8万间夜；举办雪车世界杯、全国第十四届冬运会等国内外重大赛事21场，吸引60余支国家队、专业队长期驻训，带动30万冰雪爱好者体验冬奥项目。一年四季、精彩不断，这座最美冬奥城正在续写生动的"冰雪奇缘"。园区被国家体育总局、文化和旅游部授予国家级滑雪旅游度假地，两次被评为北京市体育旅游精品项目十佳景区。2024年4月，延庆奥林匹克园区获得2023年"北京市绿色生态示范区"称号。

4）北京野鸭湖国家湿地公园

北京野鸭湖国家湿地公园是北京首个国家湿地公园，坐落于北京市延庆区康庄镇，占地总面积283.4 hm^2。景区毗邻世界文化遗产八达岭长城、新中国成立后建立的第一座大型水库官厅水库之滨，属于4A级景区，以其独特的湿地景观、丰富的鸟类资源深受广大游客的喜爱。

景区自然禀赋优越，湿地类型多样、动植物资源丰富，是华北地区重要的鸟类栖息地和候鸟栖息中转站。景区始终遵循"保护优先、科学修复、合理利用、持续发

图9-6　北京野鸭湖国家湿地公园风景

图 9-7 北京野鸭湖丹顶鹤

图 9-8 北京野鸭湖鸿雁

展"的核心原则，保护与发展并行，近年来并未进行大规模提升改造工作，以"建设国内一流、世界知名、融湿地生物多样性与水资源保护、生态旅游、科普教育和科学研究于一体的国家5A级旅游景区"为目标，努力打造延庆区、北京市乃至全国最具代表性的旅游聚集地。配套设施全面完善，游客服务中心、庭院酒店、生态游步道、环保观光车、电动游船等为游客提供全面高质量服务。

5）玉渡山风景区

玉渡山风景区位于延庆城区的西北12km处，燕山第一高峰海坨山的脚下，面积达7500万m²。长流不息的源头活水，不仅汇成了龙庆峡这一京郊的小漓江之秀，也孕育了玉渡山这一方原始的自然保护区之美。

在绿色宣传方面，景区利用广播、宣传橱窗和广告宣传牌向游客进行节约资源的宣传，引导游客绿色消费。在节约资源方面，景区最大限度地利用现代电子手段，建立网络办公，减少印刷品、纸张的利用。在环境卫生方面，景区建立分类投放、分类收集、分类运输、分类处理的垃圾处理系统，努力提高垃圾分类制度覆盖范围，将生活垃圾分类作为推进绿色发展的重要举措，做到日产日清，不断完善景区管理和服务，创造优良的游览环境。

图 9-9　玉渡山风景区风光

图 9-10　玉渡山风景区——忘忧湖畔

9.1.2 建设优势

　　延庆区致力于建设高质量服务景区，景区公共服务设施完备，实施多种购票方式，提供线上电子购票和线下纸质门票服务，女男厕位比例提升至1.2∶1。生态环境质量持续保持优良，区内有松山、玉渡山、野鸭湖等12个国家和市、区级自然保护区，湿地面积近100km²；森林覆盖率达61.8%，林木绿化率达到72.98%以上；PM$_{2.5}$累计平均浓度仅31μg/m³左右；地表水环境质量指数保持在北京市前列，空气质量达到国家二级标准。景区用能不断向清洁化、电气化方向转型，运营管理实现低能耗、低污染、低排放。垃圾实施分类收集，并通过第三方进行统一清运、处理。持续开展教育研学活动，多个景区开展特色研学、文化、教育等系列活动，充分发挥景区生态科普教育功能。

图 9-11　野鸭湖湿地秋天景色

　　部分景区结合本底资源及特色定位，在环境保护、生物多样、智慧旅游、品牌创建等方面建设成效显著。充分保护生态环境，动态监测景区环境质量，如百里山水画廊景区于白河谷地、黑河峡谷设有水质监测站，监控水体水质保障水安全。高度重视生物保护，如北京野鸭湖湿地公园设有自然保护地管理处，定期监测、记录动植物资源动态变化。不断探索智慧旅游，如北京世园国际旅游度假区设有智慧垃圾桶、AI游览系统，在智慧游览、智慧服务方面进行创新和示范。持续开展绿色低碳实践并获得相关荣誉，如北京世园国际旅游度假区和延庆奥林匹克园区分别获得了2019年度"北京市绿色生态示范区"和2023年度"北京市绿色生态示范区"的荣誉称号。

9.1.3 机遇与挑战

随着人民群众物质文化需求的不断提升、国家绿色发展建设理念及"双碳"目标的提出，目前景区还具有进一步的提升空间。购票服务未覆盖至全龄化、国际化，应进一步加强景区人文关怀，服务好老年群体和入境游客，系统性建设更加包容、无差别、无障碍的国际旅游服务体系。高峰时期，景区公共卫生间女厕位存在排队问题，应持续推进厕所革命，提升景区女男厕位比例。随着新能源汽车自驾游出行需求增加，景区充电设置比例有待提高。景区既有建筑节能水平有待提升，应根据景区运营需求，结合景区建筑功能，进一步提高建筑绿色低碳水平。智慧旅游服务体系未全面推广，目前仅有部分景区设置智慧垃圾系统和AI游览系统，应延展景区智慧旅游服务功能，响应"双碳"目标及相关政策，全面推进景区智慧旅游数字建设。

9.2 建设目标

坚持以习近平生态文明思想为指导，深入贯彻落实党的二十大精神和习近平总书记考察延庆重要讲话精神，立足延庆区新发展阶段，融入新发展格局，依托延庆区资源优势和文化特质，以构建绿色低碳美丽景区新场景为主题，以推动延庆区景区绿色高质量发展为目标，以改革创新为根本动力，通过积极创新与科学引导，不断满足人民日益增长的优美生态环境需要；加大生态环境保护力度，深化景区绿色低碳试点示范，大力推进景区绿色低碳建设；切实促进延庆旅游景区向更低碳化发展，加快延庆区形成有自身特色的绿色低碳旅游方式，为北京市乃至全国景区建设绿色低碳旅游示范区积累经验、提供示范。

以八达岭长城景区、北京世园国际旅游度假区、北京野鸭湖国家湿地公园为重点示范，从绿色服务、生态保护、低碳运行三个方面，打造绿色低碳景区样板。逐步提高绿色低碳示范景区数量，到2025年，绿色低碳示范景区达到 3 个，到2030年，绿色低碳示范景区达到6 个，到 2035 年绿色低碳示范景区达到A级景区全覆盖（表9-1）。

延庆区绿色低碳景区建设目标表　　　　　　　　　　表9-1

建设内容	现状数值	目标		
		2025年	2030年	2035年
绿色低碳示范景区	—	3	6	A级景区全覆盖

9.3 指标体系

基于延庆景区建设特性，遵循国家、北京市和延庆区景区绿色低碳政策，结合国内外优秀案例，构建延庆区绿色低碳景区指标体系。指标体系分为绿色服务、生态保护和低碳运行三方面，包括影响景区绿色低碳发展的关键性指标7项、体现延庆景区建设特点的特色性指标7项和针对解决景区焦点问题的补短板指标2项，共计16项指标（表9-2）。

延庆区绿色低碳景区指标体系 表9-2

指标分类	序号	指标名称	指标要求	指标属性
绿色服务	1	全龄化、国际化购票服务	景区人工及数字购票实现适老化、国际化	补短板
	2	卫生间平衡	女男厕位比例≥2:1	补短板
	3	机动车充电桩比例	≥2%	关键性
	4	无障碍设施覆盖率	重点公共服务场所覆盖率100%	关键性
	5	研学推广	≥5次/a	特色性
	6	绿色生态科普展示点位	≥5个	特色性
生态保护	7	生态停车场	透水铺装比例≥50%	关键性
			场地遮阴比例≥20%	
	8	绿地节水灌溉比例	≥50%	关键性
	9	非塑料用品使用率	≥40%	特色性
	10	园林垃圾资源化利用	≥20%	特色性
低碳运行	11	景区游客人均碳排放量	≤20kgCO$_2$e/人	关键性
	12	用能电气化比例	≥90%	特色性
	13	环境监测及展示	实时监测空气、水、噪声等环境质量	关键性
	14	生物多样性监测	动植物资源调查次数≥1次/a	关键性
	15	智慧垃圾桶设置比例	≥30%	特色性
	16	碳普惠积分系统	设置碳普惠积分系统	特色性

指标体系明确了景区进行绿色低碳建设的具体措施和指标要求，以指导景区绿色低碳建设，打造延庆区绿色低碳示范景区。

1）全龄化、国际化购票服务

定义：景区人工及数字购票服务兼顾老年游客、国际游客需求，包括保留人工售票窗口，畅通港澳居民来往内地通行证、台湾居民来往大陆通行证、港澳台居民居住证、外国人永久居留身份证或护照预约购票和检票服务。景区对外服务窗口（门区）、App等游客服务信息应同时设有中文、外文对照，且信息准确；5A级、4A级旅游景区在景区各门区和景区内重点服务场所要配备可刷外卡消费的POS机，并张贴支付服务标识，具备多种支付渠道，满足外籍游客多样化的支付需求。

目标值：景区人工及数字购票实现适老化、国际化。

2）卫生间平衡

定义：景区中公共区域男女分区的厕所，女厕位与男厕位（含小便位）的比值。计算公式如下：

$$R = \frac{女厕位数量}{男厕位数量（含小便位）}$$

目标值：女厕位与男厕位（含小便位）的比值R不小于2。

3）机动车充电桩比例

定义：景区具有规范管理的带有充电桩的停车位占景区总停车位数量的百分比。计算公式如下：

$$机动车充电桩比例 = \frac{景区设有规范管理的充电桩的停车位数量}{景区总停车位数量} \times 100\%$$

目标值：景区机动车充电桩比例不低于2%。

4）无障碍设施覆盖率

定义：景区内设置无障碍设施的区域占景区重点公共服务场所的比例。

景区无障碍设施是指为了保障残疾人、老年人、孕妇、儿童等社会成员在景区内通行安全和使用便利，在景区建设和改造过程中配套建设的服务设施。这些设施包括无障碍通道（路）、电梯、平台、房间、洗手间（厕所）、席位、盲文标识和音响提示等。景区重点公共服务场所是指景区购票大厅、游客服务中心、公共厕所、停车场、购物与餐饮场所等。

目标值：景区重点公共服务场所无障碍设施覆盖率100%。

5）研学推广

定义：景区内每年举办研学推广活动的次数。研学推广活动包括自然探索研学、科技创新研学、传统文化研学、红色生态旅游与可持续发展研学等，研学活动主题及内容应结合景区特色制定。

目标值：景区内每年举办研学推广活动的次数不少于5次。

6）绿色生态科普展示点位

定义：景区内设置绿色生态科普展示的点位。绿色生态科普展示是指结合景区自身特色，在关键景观节点以科普标识牌、互动设施等方式进行科普展示。

目标值：景区内设置绿色生态科普展示点位不少于5个。

7）生态停车场

定义：景区应设置生态停车场，生态停车场通常采用植草砖或砾石铺装，并间隔栽植一定量的乔木等绿化植物进行遮阴，将停车空间与园林绿化空间有机结合，是一种具备透水、净化、环保功能的停车场。计算公式如下：

$$透水铺装比例 = \frac{设置透水铺装区域总面积}{停车场铺装总面积} \times 100\%$$

（注：透水铺装包括透水砖、植草砖、透水沥青、透水混凝土等。）

$$场地遮阴比例 = \frac{场地中设有乔木、停车棚等遮阴设施的面积}{停车场场地总面积} \times 100\%$$

目标值：景区设置生态停车场。生态停车场内透水铺装比例不低于50％，场地遮阴比例不低于20％。

8）绿地节水灌溉比例

定义：景区中采取节水灌溉方式的人工绿地占总人工绿地的比例。节水灌溉方式包括喷灌、滴灌和微喷灌等。计算公式如下：

$$绿地节水灌溉比例 = \frac{采取节水灌溉方式的人工绿地总面积}{景区人工绿地总面积} \times 100\%$$

目标值：景区绿地节水灌溉比例不低于50％。

9）非塑料用品使用率

定义：景区内餐饮具、文创包装的非塑料用品使用量与餐饮具、文创包装用品总量的比值。其中，餐饮具包括盒（含盖）、碗（含盖）、碟、盘、饮料杯（含盖）、吸管等；文创包装包括购物袋、商品包装袋等。

目标值：景区内餐饮具、文创包装的非塑料用品使用率不低于40％。

10）园林垃圾资源化利用

定义：景区内园林垃圾资源利用化的量占景区园林垃圾总产生量的百分比。

景区园林垃圾是指园林养护过程中产生的修剪物和植物自然凋落产生的植物残体。园林垃圾资源化利用包括堆肥处理，将园林垃圾如树枝、落叶、草屑等收集起来，进行堆肥处理；生物质能源利用，将园林垃圾进行压缩成型，制成生物质燃料颗粒或块状燃料；园林景观利用，将粉碎后的园林垃圾作为覆盖物铺在花坛、树池等地，起到保湿、保温、抑制杂草生长的作用。

目标值：景区园林垃圾资源化利用不低于20％。

11）景区游客人均碳排放量

定义：指景区内二氧化碳年排放总量与景区内年度接待游客总人数的比值。计算公式如下：

$$景区游客人均碳排放量 = \frac{景区二氧化碳年排放总量}{景区年度接待游客总人数}$$

目标值：景区游客人均碳排放量不大于20kgCO$_2$e/人。

12）用能电气化比例

定义：指景区的终端用能中，电力所占的比例。终端用能包括公共设施、设备，公共服务车辆、船舶、建筑（供暖、炊事）等的用能。不包含应急救援或有补能速度要求的车辆、船舶用能。

目标值：景区用能电气化比例不低于90%。

13）环境监测及展示

定义：实时监测景区内空气、水、噪声等环境质量，并通过景区LED展示屏或App小程序等方式向游客进行展示。

目标值：实时监测景区内空气、水、噪声等环境质量并进行展示。

14）生物多样性监测

定义：景区应开展生物多样性监测工作，宜对国家重点保护野生动物、野生植物资源进行调查和监测。外来入侵生物的监测参照《农业外来入侵昆虫监测技术导则》NY/T 3959、《水生外来入侵植物监测技术规程》NY/T 3960和《外来入侵杂草精准监测与变量施药技术规范》NY/T 4156执行；植物监测参照《生物多样性观测技术导则 陆生维管植物》HJ 710.1和《生物多样性观测技术导则 水生维管植物》HJ 710.12执行；动物监测参照《生物多样性观测技术导则 陆生哺乳动物》HJ 710.3、《生物多样性观测技术导则 鸟类》HJ 710.4、《生物多样性观测技术导则 爬行动物》HJ 710.5、《生物多样性观测技术导则 两栖动物》HJ 710.6、《生物多样性观测技术导则 内陆水域鱼类》HJ 710.7、《生物多样性观测技术导则 蝴蝶》HJ 710.9和《生物多样性观测技术导则 中大型土壤动物》HJ 710.10执行。

目标值：每年度开展动植物资源调查次数不少于1次。

15）智慧垃圾桶设置比例

定义：景区内设置智慧垃圾桶数量占景区内总垃圾桶数量的比例。智慧垃圾桶是一种结合了物联网技术和智能识别功能的环保设备，通过集成多种传感器和智能处理单元，实现了自动开盖、垃圾满溢预警、垃圾分类等功能，并且能够与云端系统互动，实现远程监控和管理。

目标值：景区内智慧垃圾桶设置比例不低于30％。

16）碳普惠积分系统

定义：景区内设置碳普惠积分系统。利用"互联网＋大数据＋碳金融"的方式，通过构建景区游客碳减排"可记录、可衡量、有收益、被认同"的机制，对景区内游客的节能减碳行为进行具体量化并赋予一定价值。

目标值：鼓励景区设置碳普惠积分系统。

9.4　行动方案

以习近平新时代中国特色社会主义思想为指导，认真践行习近平生态文明思想，以"构建绿色低碳美丽景区新场景"为总体目标，坚持在绿色服务、生态保护和低碳运行三方面开展行动，充分展示延庆景区"以人为本、生态优先、低碳发展"的独特魅力，打造全面展示人与自然和谐共生现代化的高质量绿色低碳景区。

9.4.1　强化景区绿色服务

坚持以人为本，提升景区服务设施水平、增加人文关怀，提供全龄化、国际化购票服务以及游客电动车充电服务，保障卫生间平衡使用需求，加强景区科普展示功能，开展绿色生态教育研学活动，构建景区生态惠民、生态为民新形态。

1）完善老人、外宾购票服务，建设全龄化、国际化友好景区

网络线上购票为游客提供了便捷购票体验，但对老年游客、境外游客形成了一定阻碍。部分老年人对智能技术不熟悉，不能熟练使用智能手机购票，出游体验受到影响；部分景区线上购票仅支持身份证信息购买，不支持护照等其他证件，部分国外游客线上购票存在一定困难。

八达岭长城景区目前可以多种支付方式满足老年人、外籍游客等各类人群的购票需求，景区售票窗口提供现金支付、移动支付，还增加外卡POS机刷卡。此外，景区售票平台"长城内外"已开通外籍游客通过护照和永久居留证购票功能，并提供多样化检票服务，外籍人士可通过护照、永久居留证、纸质门票、二维码等多种方式检票入园。

为更好满足老年人、外籍来华人员等群体多样化的服务需求，延庆区将持续实施景区人工及数字购票适老化、国际化升级改造。针对线上网络购票，根据老年人出

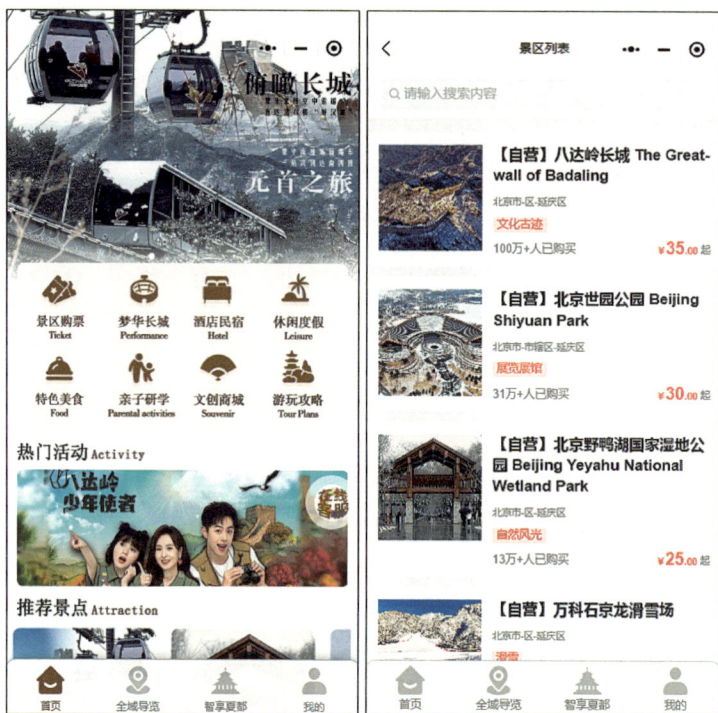

图 9-12　长城内外小程序

游习惯，对手机客户端、网页端等进行适老化改造，不断优化使用体验，持续弥合"数字鸿沟"；建设境外游客融合服务平台，实现境外游客的在线票务预订，打通支付结算通道。针对线下窗口售票，保留线下预约和购票方式，根据景区承载力，为60岁以上老人预留游览名额，通过身份证、北京通—养老助残卡，即可现场预约、验证入园；提供国际购票服务窗口，支持外国游客刷卡、扫码和现金等多种支付方式，实现"卡、码、币"都畅通，为国内外游客提供更加便捷的数字化服务体验。进一步提升老年游客、入境宾客在延庆景区的旅游体验，建设全龄化、国际化友好景区。

2）提升女性厕位比例，保障卫生间平衡使用需求

改善女性如厕体验是景区服务长期以来的焦点问题。2023年6月，文化和旅游部办公厅印发通知，强调应不断完善旅游厕所基础设施建设、着力破解旅游高峰期厕所管理难题。

延庆区持续开展"厕所革命"，景区女男厕位比例由1:1提升至1.2:1，后续将继续开展景区厕所改造行动，保障卫生间平衡使用需求，进一步提高女性厕位比例，目标为女男厕位比例达到2:1。通过景区客流数据测算厕位缺口，结合自身实际加强潮汐厕位、男女通用厕间、男女可互换厕位等设施建设；加强景区出入口及热门景点、观景平台等瞬时人流集中区域厕位配置，解决旅游高峰期厕位不足、男女厕位比例不均衡等问题。同时，增加志愿者和引导员数量，利用移动智能终端等多样化旅游公共服务信息平台，做好如厕人员引导和分流，避免如厕人员过于集中、排队时间过长等现象出现，切实提升旅游高峰期游客如厕体验。多措并举进一步巩固和深化旅游厕所革命成果，不断提升旅游厕所管理和服务水平，实现"不排队、干净无味、安全方便、节能环保、环境友好"建设目标，带动旅游公共服务高质量发展。

3）增补充换电设施，建设绿色便捷环保景区

随着新能源汽车的普及与自驾游客数量逐年上升，"边游景区边充电"成为游客的出行需求。同时，《国务院办公厅关于进一步构建高质量充电基础设施体系的指导意见》也对景区充电设施配置提出要求，"加快旅游景区公共充电基础设施建设，A级以上景区结合游客接待量和充电需求配建充电基础设施，4A级以上景区设立电动汽车公共充电区域"。

目前，延庆区各个景区均设有新能源车充电桩，景区充电桩的数量约为20~30个。延庆区将进一步增设景区停车场充电设施，陆续启动充电桩建设，满足游客出行充电需求，逐步实现景区停车场机动车充电桩比例不低于2%的目标。根据景区内电瓶车的类型、充电需求以及游客的使用习惯合理配置充电桩数量；综合考虑游客出行路线、停车便利性、安全因素以及充电桩的覆盖范围，明确充电桩的安装位置；同时，完善停车位、照明、监控等设施，引入智能充电技术，提升充电效率和管理效能，打造更加智慧、便捷的景区体验。

4）优化无障碍建设，充分体现人性关怀

景区设施的无障碍体现了景区对全龄及弱势群体的人文关怀和情感温度。《"十四五"旅游业发展规划》强调应充分考虑特殊群体需求，"加强老年人、残疾人等便利化旅游设施建设和改造，推动将无障碍旅游内容纳入相关无障碍公共服务政策"。

延庆奥林匹克园区承办了北京2022年冬奥会和冬残奥会的部分赛事，园区在打造无障碍服务方面彰显出东道主细致入微的人文关怀。场馆共设置永久、临时无障碍电梯共23部，无障碍坡道25个，此外还设置了无障碍卫生间、无障碍座席等，受到各国、各地区参赛队员的认可。

延庆区始终将人民利益放在首位重视景区人性化建设，将持续提升景区服务设施水平和游客满意度，实现景区重点公共服务场所无障碍设施100%覆盖。建设和完善游客服务中心、索道站房、餐厅、公共厕所等无障碍设施设备，满足游客游览需求；统筹协调景区布局，通过悬空索道、游步道、垂直电梯等无障碍设施，串联所有旅游资源与产品，按照景观打造特色化、配套设施标准化、管理服务个性化的要求，让游客快乐、舒适、安全、便捷地游览景区。以满足游客需求为导向，将人文关怀理念贯穿于景区开发建设的所有环节、管理服务的所有细节。实现全民旅游无障碍、全域开发无障碍、全景观光无障碍，让身体残疾人士享受到与其他游客相同的旅游体验，提升景区的可访问性和便利性。

5）开展生态研学活动，打造生态旅游热点

近年来，研学活动逐渐成为各个旅游景区的宣传发力点。《北京市"十四五"时期文化和旅游发展规划》提出，"全力培育创新文化旅游产品。丰富研学旅游活动内容，依托博物馆、科技馆、天文馆、青少年科技馆等场馆资源，制定主题多样的研学旅游路线。用好5G、超高清视频技术等新技术手段，推出一批具有科技感和北京味的网红打卡地"。

北京市野鸭湖国家湿地公园，致力于将野鸭湖打造成全国独树一帜的研学基地，通过完善景区体验项目、加强外部合作、研发研学课程、提升宣传效果等方式促进景区发展。于2023年6月成功申报全国研学旅行基地（营地），2023年7月成功申报全国第四批自然教育基地（学校），并与野鸭湖湿地自然保护区管理处联合推出植树、环境日推广、一日自然研学等活动，在发展经济的同时践行生态保护理念。

延庆区将持续发力，加强景区生态研学功能，景区定期开展绿色生态教育研学活动，每年开展活动次数不少于5次。充分利用各个景区良好的自然环境和生态体系，与自然教育、露营拓展、户外运动相结合，申报"社会大课堂""实践教育基地"，建设青少年自然生态研学教育营地，以旅游发展促进生态保护，打造生态旅游热点。从而进一步强化景区生态文明教育功能，创建中小学生态研学教育基地，促进景区人文底蕴、自然文化、生态教育全面融合。

图 9-13　野鸭湖湿地公园研学活动

6）实施绿色生态科普，增强游客环保意识

绿色生态科普将理论知识以生动有趣的方式向公众进行展示，通过与自然的亲密接触和亲身实践，培养人们对自然的热爱与敬畏之情，增强游客的环境保护和绿色发展意识。《"十四五"生态环境科普工作实施方案》要求，"鼓励各类自然风景区增加科普服务功能，开发科普旅游文化线路；鼓励各地科技馆、博物馆、文化馆、图书馆、工业遗迹、公园等公共文化机构建设生态环境科普展区；支持条件成熟的科普场所创建国家生态环境科普基地"。

延庆区景区数量众多且特色鲜明，各个景区充分发挥自身优势，创新性地实现了"自然—科技—艺术"的多元统一，使游客可以深入探索长城的秘密、追寻野鸭湖畔奇趣动物的足迹、揭开古崖居原始部落的神秘面纱，以及在世界葡萄博览园了解葡萄的相关知识。

图 9-14 玉渡山风景区植物资源科普标识牌

延庆区将继续提升景区生态环境科普设施水平，结合景区独有的历史文化底蕴和生态资源，在关键景观节点以科普标识牌、互动设施等方式进行科普展示，拓展景区绿色生态科普展示功能，科普展示点位不少于5个，从而提升游客生态文明意识，提高全民生态环境科学素质与行动自觉，从知识普及向价值引领和能力养成过渡，实现从"要我环保"到"我要环保"的转变。

9.4.2 保护景区生态环境

生态保护优先，景区建设生态停车场，保障停车空间与生态效益的有机结合；

采用滴灌、微喷灌等高效节水灌溉方式，提高景区园林绿化灌溉用水效率；实施绿色采购，优先选用本地及环保材料，并减少一次性用品使用，完善景区再生资源回收网络，对园林垃圾进行资源化利用，构建景区绿色低碳、节能环保新体系。

1）设置生态停车场，建设景区韧性海绵场地

生态停车场通常采用植草砖或砾石铺装，并间隔栽植一定量的乔木等绿化植物进行遮阴，将停车空间与园林绿化空间有机结合，是一种具备透水、净化、环保功能的停车场。

延庆区年均降雨量为494mm，降雨量较小且分布不均，韧性海绵场地的建设可留住宝贵的雨水资源。2019年北京世园会期间，北京世园国际旅游度假区本着生态优先的原则，停车场选择简便易行、容易还林复耕的砾石进行场地铺装，避免大量沥青及混凝土的硬化，在体现环保的同时降低工程造价，最大限度减少了工程浪费。

景区设置生态停车场，一方面通过设置透水铺装，增加可渗透下垫面占比，降低场地综合雨量径流系数，增加雨水下渗，减少所需控制的雨水总量；另一方面，通过科学合理的植物种植，可有效增加景区绿量，同时种植高大乔木形成绿化遮阴覆盖，可有效降低室外热岛效应，改善室外微气候。在保障停车需求的同时建设可渗透、能呼吸、更环保的绿色生态景区。

图 9-15　生态停车场

2）绿地实施节水灌溉，提高绿化灌溉用水效率

在园林绿地养护过程中，绿化灌溉的碳排放量占比最高，影响其碳排放的主要因子为耗水量的多少。节水灌溉设计是运用先进的技术设备和更科学合理的设计，包括喷灌、滴灌和微喷灌等，以更先进、更节约、更美观的方式完成景区绿地灌溉，提高园林绿地养护的质量。

北京世园国际旅游度假区绿化100％采用微喷灌的节水型灌溉系统，园区内设有小型气象站，该站共布设11种气象观测设备，可对20个气象要素进行连续实时观测，提供及时、准确、有效的气象信息，为节水灌溉提供雨天自动关闭等服务保障。

延庆区将全面落实习近平总书记"节水优先、空间均衡、系统治理、两手发力"治水思路，继续加强景区园林绿化精细化用水管理，以"小水滴"促节水增效的大发展，逐步实现在景区绿地节水灌溉比例不低于50％，减少绿地灌溉耗水量，维持水资源的可持续利用，构建资源节约型、低碳生态型景区。

3）减少塑料用品使用，建设资源节约绿色环保景区

废弃塑料用品不仅影响景区整体美感，造成"视觉污染"，同时塑料用品会对景区土壤造成不可逆的破坏以及危害景区小动物的生命安全，景区塑料用品使用及清理整治问题不容忽视。2021年9月，国家发展改革委、生态环境部制定的《"十四五"塑料污染治理行动方案》要求，"建立健全旅游景区生活垃圾常态化管理机制，增加景区生活垃圾收集设施投放，推动旅游景区生活垃圾与城乡生活垃圾一体化收运处置，及时清扫收集景区塑料垃圾；倡导文明旅游，强化对游客的教育引导，对随意丢弃饮料瓶、包装袋、湿巾等行为进行劝导制止，实现A级及以上旅游景区露天塑料垃圾全部清零；将塑料污染治理有关要求纳入旅游景区质量等级评定标准体系"。

石京龙滑雪场探索"零废弃"管理之路，在办公场所开展零废弃办公行动，办公场所禁止使用一次性用品，包括一次性纸杯、一次性餐具、一次性包装等。遵循源头减量（Reduce）—物尽其用（Reuse）—分类回收（Recycle）的"3R"原则，通过上下宣贯调动员工参与，从源头减少垃圾量。八达岭长城景区加装透明垃圾桶、智能压缩垃圾桶，百余名专业垃圾分类员上岗，引导游客准确投放垃圾，垃圾分类准确率提高到80％。

延庆区高度重视景区塑料用品使用问题，积极做好景区塑料污染治理工作，在绿色低碳示范景区中，推行绿色采购，优先选用环保材料，有效降低餐饮及文创包装塑料用品使用率，非塑料用品使用率不低于40％。在源头减量方面，景区文创产品包装、商品零售、住宿、餐饮等重点领域减少使用一次性塑料制品，全区范围内A级旅游景区餐饮服务禁止使用不可降解一次性塑料吸管、不可降解一次性塑料餐具；在回收处置方面，景区建立生活垃圾分类投放、收集、运输、处理系统，塑料废弃物收集转运效率大幅提高；在垃圾清理方面，各A级旅游景区要将餐饮服务塑料污染治理纳入管理考核制度。逐步禁止使用不可降解塑料袋和一次性塑料用品，引导各旅游企业从业人员树立禁塑意识，积极参与、支持不可降解塑料污染治理，养成绿色生产、绿色生活的习惯，让禁塑理念深入人心，营造全社会共同参与的良好氛围，有效推动"无废景区"建设，促进景区可持续发展。

4）强化园林垃圾资源化利用，切实改善景区生态环境

提高景区园林垃圾处理和资源化利用水平，可切实改善景区生态环境并带来一定的经济效益。景区园林垃圾包括园林养护过程中产生的修剪物和植物自然凋落产生的植物残体。《住房和城乡建设部办公厅关于开展城市园林绿化垃圾处理和资源化利用试点工作的通知》鼓励"就地就近处理园林绿化垃圾，将再生产品作为土壤改良基质、有机覆盖物等回用园林绿地，推动园林绿化垃圾源头分类和减量"。

北京市延庆区园林绿化局牵头，探索野鸭湖湿地公园芦苇的资源化利用，将野鸭湖年均1万t废弃芦苇再利用为功能涂料、墙板芯材等绿色低碳材料，将园林垃圾变为绿色低碳的建筑材料，实现绿化废弃物"变废为宝"，减少环境污染并带来一定的经济效益，形成可复制可推广的经验，推进延庆区景区的高质量发展。

延庆区将持续探索景区园林垃圾资源化利用新模式，通过完善景区再生资源回收网络，形成景区园林垃圾稳定的收集、运输、处置网络，逐步实现园林垃圾资源化利用率不低于20%，全面提升景区园林绿化垃圾减量化、资源化、无害化处置水平，实现园林垃圾"来自自然，归于自然"，并结合新技术、新方法和新设备，构建园林垃圾资源化利用产业链，促进景区循环经济发展。

9.4.3 推进景区低碳运行

推进低碳运行，降低景区人均碳排放，综合利用新能源、新技术推动景区实现更低能耗、更低污染和更低排放；优化景区用能结构，提高用能电气化比例；保护和监测景区生态环境，实时监测景区空气、水、噪声等环境质量，定期开展动植物资源调查；强化景区智慧运营管理，运用智慧垃圾系统、AI游览体验系统进行示范，构建景区智慧应用、智慧体验新场景。

1）多措并举综合施策，有效降低人均碳排

作为国民经济战略性支柱产业的旅游业与全球气候变化的关系愈加密切，且旅游景区特别是自然景观类景区，是生态系统碳汇资源的重要组成部分。党的二十大报告中指出，我国要加快发展方式绿色转型，发展绿色低碳产业，推动形成绿色低碳的生产、生活方式。

延庆区湿地面积近100km^2，森林覆盖率达61.8%，林木绿化率达到72.98%

以上，丰富的植被资源具有重要的碳汇效益。同时，延庆奥林匹克园区的国家雪车雪橇中心，赛道制冷采用环保节能效果最好的氨制冷系统，降低景区运行能耗，减少景区碳排放；北京世园国际旅游度假区统筹考虑多种能源形式，采用地源热泵、太阳能光伏和生物质燃料等，为景区提供绿色清洁能源。

延庆区始终坚持绿色低碳发展理念，加快推动景区用能方式向绿色、节能、低碳方向转变，探索建设低碳生态景区，积极打造"低碳景区"示范样板。景区办公区建筑屋顶设置光伏，通过自发自用、余电上网模式进行供电，实现节能减排、降本增效，同时设置光伏伞、光伏椅、光伏路灯等多种形式的光伏发电系统。游客不仅能在光伏伞下、在光伏椅上自由休憩，还能便捷地给自己的手机充电。同时，基于延庆区冬冷夏凉的气候特点，夏季景区公共服务建筑采用自然通风，减少空调能耗。多措并举，综合施策，延庆将逐步实现景区人均碳排放量不高于$20kgCO_2e$/人的建设目标。

2）优化景区用能结构，提高用能电气化比例

景区用能电气化建设以"电能替代"为核心，在降低景区碳排放和提升景区安全性、清洁性和经济性方面扮演着至关重要的角色。近年来，延庆区多个景区已经或计划迈入"全电时代"，景区电气化比例达到80%，通过实施"电能替代"改造，满足景区安全用能、清洁用能的要求，提升安全性和经济性，赋予景区绿色生态旅游新底色。

北京野鸭湖国家湿地公园游览车辆及船只能源供给100%采用电能，在保护生态环境的同时减少能源浪费，为游客提供更环保、更安全和更高效的旅游服务。

延庆区设有500kV柔直换流站，将张家口市清洁能源电力输送至延庆地区。延庆区立足资源禀赋和能源优势，将持续开展景区用能电气化改造，以电力赋能文旅产业，守护绿水青山。完善"全电公共设施"支撑，将光伏产品与景观融合，提高景区环保程度，为游客提供更优质的服务；推进"全电交通"体系建设，根据景区地形和景点分布设置电动车换乘站点，有效提升各景点交通可达性；实施"全电厨房"替代改造，对核心景区进行全电替换，打造全电厨炊试点样板。不断优化景区用能结构，逐步实现景区游览设施及餐饮设备100%执行电气化，用能电气化比例不低于90%，彰显美丽延庆低碳发展影响力，提升延庆绿色发展形象，进一步增强延庆在北京乃至全国的知名度和美誉度。

3）增强环境监测及展示，保护景区生态环境

实时监测景区内空气、水质等环境指标，用监测数据量化景区生态效益。《"十四五"生态环境监测规划》提到，"开展重点生态功能区县域生态环境质量监测

与评价，支撑重点生态功能区转移支付；多手段多渠道公开各类生态环境监测信息，公众满意度普遍上升"。

百里山水画廊位于白河、黑河、红旗甸河谷地，是延庆生态涵养区的核心区域，白河谷地、黑河峡谷设有水质监测站，监控水体、水质，保障水安全。被誉为"延庆区氧吧乡村"的硅臼石景区，设有空气质量监测系统实时监测景区空气质量及负氧离子浓度，负氧离子浓度高达3万。

延庆区紧紧围绕建设国际一流生态文明示范区的战略目标，持续推进保护和监测景区生态环境，实时监测、展示景区内空气、水、噪声等环境质量数据，保障景区生态安全与环境质量。通过监测和评估景区的生态环境，包括空气质量、水环境质量以及噪声等，可保障旅游资源的可持续利用。通过数据监测、分析和预警，可向游客和公众传递环保意识和保护观念，解释环境变化对景区生态系统和游客健康的影响，促使游客对环境问题的重视并采取相关行动。全方位多角度展现延庆蓝天、绿水、青山，释放妫川大地魅力。

4）强化生物保护及监测，维护景区生态平衡

重视生物多样性保护及监测，在维护景区生态平衡同时，实现生物与人在城市立体空间中的时空错位和双赢共生。《北京花园城市专项规划（2023年—2035年）》提到，"将生物多样性纳入城市公园建设相关要求，构建生物多样性友好公园，实现生物与人在城市立体空间中的时空错位和双赢共生；推升城市生态服务效能，加强野生动物保护，开展野生动物及其栖息地状况普查，编制野生动物栖息地名录、野生动物及其栖息地保护规划"。

延庆区生物多样性在北京市最为丰富，拥有全市最大的湿地保护区，全市最多的自然保护地，是东亚—澳大利亚候鸟迁徙路线上最重要的驿站。延庆区现有各类自然保护地共16处，其中自然保护区10处、自然公园4处、风景名胜区2处，自然保护地面积占全区总面积的39%。为了护航野鸭湖优美的生态环境、保护生物多样性，北京野鸭湖国家湿地公园自开园以来持续开展生物多样性保护与监测工作。目前已形成了"监测预警、生态调控、源头治理、物理防治、生物防治、精准防治"六大模块组成的绿色防控技术体系。从2005年至今，伴随着野鸭湖湿地保护得越来越好，"新物种"层出不穷，共监测记录鸟类16目52科233种，以及国家重点保护野生动物豹猫、雕鸮等。

延庆区牢固树立"绿水青山就是金山银山"理念，坚持把保护和发展生物多样性作为首要任务，不断提升生态系统多样性、稳定性、持续性，全力建设美丽延庆。在绿色低碳示范景区中，加强生物多样性保护，制定生物多样性保护和管理计划，建立反映生态环境质量的指示物种清单和动态监测机制，每年度开展动植物资源调查。同时，持续开展国家重点保护野生动物、野生植物资源调查监测，以及农作物和畜禽、水产、林草植物、药用动植物、菌种等种质资源调查，探索开展野生生物遗传多样性调查。整合建立多方合作调查监测体系，充分调动社会力量和资本参与调查监测工作。逐渐实现重点景区生态系统、重点物种和重要生物遗传资源定期调查和常态化监测全覆盖，生物多样性调查监测水平得到全面提升。

5）科技赋能智能感知，实现垃圾智能监控

智能垃圾桶的应用通过提高垃圾收集效率，为景区带来显著的环保效益。在2019年世园会举办期间，北京世园国际旅游度假区设置900多个垃圾箱，全部采用物联网技术实现智能监控。智能垃圾箱监控器能远程监控垃圾箱溢满情况、箱体倾倒情况、箱体高温（着火）情况和位置信息，高效智慧处理园区垃圾，为游客及各方来宾提供了更加洁净的参会环境。

图 9-16　北京世园国际旅游度假区智能垃圾桶

延庆区坚持以智能化、绿色化、服务化、高端化为引领，将进一步提升科技支撑能力，扩大智能垃圾桶的应用范围。推进景区低碳运维管理，鼓励各大景区采用智慧垃圾系统，通过精细化的分类管理，智能感知、高效处理景区垃圾，提高垃圾资源化利用率。智能系统的便捷性和互动性可促进游客主动参与垃圾分类，增强游客环保意识。在景区逐步实现智慧垃圾桶设置比例不低于30%，以智慧科技赋能，让垃圾收集更智能，进一步提升景区环境品质。

6）碳普惠积分奖励，引导游客低碳旅游

设置碳普惠积分奖励系统，将智慧科技与低碳行为相融合，引导游客践行绿色低碳生活方式。"碳普惠"是一项创新性自愿减排机制，通过对小微企业、社区家庭和个人的节能减碳行为进行具体量化并赋予一定价值，从而建立起以商业激励、政策鼓励和核证减排量交易相结合的正向引导机制，积极调动社会各方力量加入全民减排行动。《中共中央 国务院关于全面推进美丽中国建设的意见》提出，"倡导简约适度、绿色低碳、文明健康的生活方式和消费模式；发展绿色旅游，构建绿色低碳产品标准、认证、标识体系，探索建立'碳普惠'等公众参与机制"。

延庆区探索以旅游行业协会为依托，搭建延庆区景区碳普惠积分平台，利用"互联网＋大数据＋碳金融"的方式，通过构建景区游客碳减排"可记录、可衡量、有收益、被认同"的机制，对景区内游客的节能减碳行为进行具体量化并赋予一定价值。例如游客通过回收矿泉水瓶获取碳积分，并利用积分兑换景区门票、购买景区纪念品等，从而积极调动城市居民加入全民减排行动。通过多样化的激励方式和消纳渠道，以及全方位的低碳体验，可实现游客碳减排量的价值转化，带动公众广泛参与绿色低碳行动。

第10章

—— 社区

——栖居山水，幸福家园

认真贯彻落实习近平总书记"把首都建设成为一个大花园"的工作要求，紧密对接《北京花园城市专项规划（2023年—2035年）》，以延庆休闲度假商务区（RBD）为核心，梳理延庆特色资源禀赋，参考国内外先进经验标准，将绿色发展理念贯穿到绿色社区设计、建设、管理和服务全过程，以简约适度、绿色低碳的方式，推进社区人居环境建设和整治，系统提升新建、老旧、保障性住房居住社区的人居环境品质，探索新时期社区建设"高效能"土地开发、"花园式"宜居环境、"绿色化"建筑建造、"智慧化"社区管理、"国际化"绿色文化的方法和路径，为延庆区及首都生态涵养地区绿色社区的设计、规划和建设提供样板和案例，持续践行满足人民群众对美好生活向往的精神诉求。

10.1 基础现状

10.1.1 基本情况

延庆区全域面积1995km^2，居住社区主要以新城地区分布为主。延庆新城拥有妫河、世园会、高铁站、中关村延庆园、三里河等丰富优质的生态、生产和生活资源，多年来持续完善绿地公园建设，提升生态环境水平，提高公共服务设施质量，并围绕RBD建设丰富旅游服务、休闲度假、生产服务、文化体育等功能，形成妫河以北、妫河以南两大居住生活片区。截至2023年底，延庆区现状城镇居住社区共有66个，住房5.33万套，建筑面积572.99万m^2，人均住房建筑面积38.98m^2，高于北京市平均水平，与其他生态涵养区基本持平。多年来，延庆区有序推进城中村改造，

图 10-1　延庆新城

持续保障新建住宅用地供应和居住小区建设，积极开展绿色社区创建工作，不断改善新城居住生活环境品质和质量，打造了生态友好、服务完善、宜游乐享的生态宜居新城。

2024年4月25日，北京市人民政府正式印发《北京花园城市专项规划（2023年—2035年）》，延庆RBD入选十五片花园城市精华示范片区之一，为延庆区构建绿色社区提出了更高的要求。作为花园城市先行实践区，延庆基于片区主题和资源特色，还应加强公园生态景观与城市功能组团的渗透联动，休闲、运动、教育、研发等多元创新场景建设，打造具有鲜明华北特色、壮美首都风范、嘉美古都风韵的首都花园名片；围绕首都花园城市建设目标，结合延庆特色资源禀赋，引导延庆绿色低碳美丽社区建设的功能形态和应用场景，确定建设标准、建设品质、建设要求，为未来延庆区绿色社区的设计、规划、建设和服务提供技术指导。

图 10-2　延庆休闲度假商务区与北京花园城市专项规划

《延庆休闲度假商务区（RBD）规划方案》明确打造13个花园宜居社区，并依据地块周边项目落位进行定位策划，打造宜居社区图景。以创新活力的产业落位、完善丰富的配套设施、四通八达的路网体系、特色宜人的城市风貌，吸引新延庆人落户延庆，带动延庆 RBD 区域经济发展。

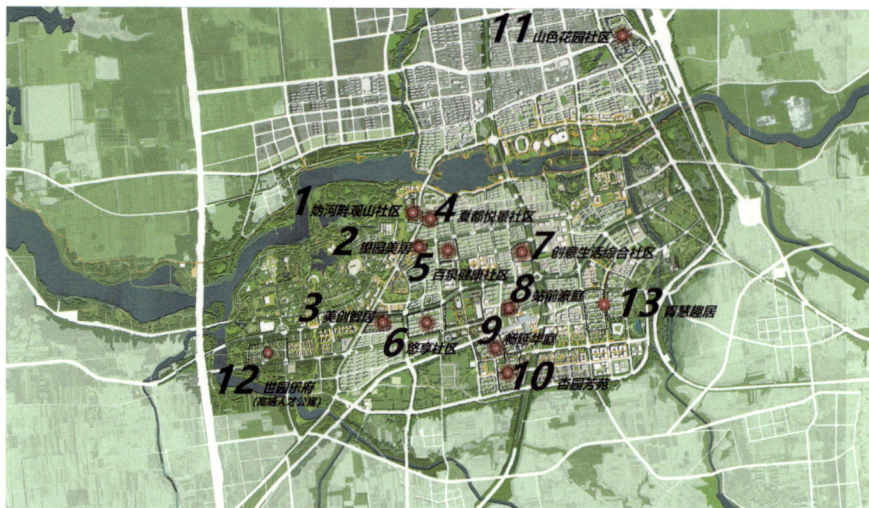

图 10-3　延庆 RBD 花园宜居社区项目分布图

10.1.2　建设优势

1）低密舒缓的空间格局优势

延庆具有山川辉映、景城共融的城市特色，呈现山、水、路、园、村、城一体化融合发展特点。新城整体建筑高度格局控制良好，现状以低层、多层为主，大部分建筑高度控制在36m以下，形成以公园绿地、水系等开敞空间为中心向外圈层逐渐升高的整体空间格局，多年来持续优化望山拥水、疏密有致的城乡空间秩序，塑造远山俯瞰及水岸眺望下的第五立面特色，展现山、水、路、园、村、城一体化融合特征，为建设绿色低碳社区提供了低密度、高品质的基础空间格局优势。

2）森拥园簇的花园景观优势

延庆全区森林覆盖率高达60％以上，道路绿化率和水岸绿化率均达到100％，形成了青山环绕、森林拥抱的城市森林生态系统。2023年，延庆区人均公园绿地增长至45.82m²，保持北京市第一，公园绿地500m服务半径覆盖率达到100％，北京市第一个实现公园绿地500m服务半径全覆盖。作为中国天然氧吧，延庆的负氧离子浓度高，为居民提供了清新的空气环境。依托林田花海、四季盛景的生态环境基底，建设空间与山水田园基底和谐掩映，具有森拥园簇的花园景观建设基础优势。

3）绿色低碳的居住产品优势

延庆对新建住宅建筑执行严格的绿色建筑标准，要求居住建筑达到绿色建筑二星级及以上标准，提高了住宅产品的环保性能和居住舒适度，并通过提高新建建筑中装配式建筑的占比，以及有序推进既有公共建筑节能绿色改造，在绿色社区建设领域取得了显著成效。2021年，延庆区按照《北京市绿色社区创建行动实施方案》文件要求，迅速组织实施推进，顺利完成了绿色社区创建工作，绿色社区在节能减排、资源利用和环境保护等方面取得了显著成果，为绿色低碳社区的建设提供了有力支撑。

4）智能智慧的基础设施优势

延庆注重社区现代化治理水平提升，积极推动社区智能门禁、人脸识别等技术，加强安全监控，提升安全防范能力；引入智能停车管理系统，实现车辆无感通行，提高停车效率和管理水平；对老旧小区进行智慧化改造，升级照明系统等，提升小区智能化水平；依托智慧平台，提供生活缴费、上门服务等便民服务，满足居民多样化需求，持续完善和提升社区智能化、智慧化设施建设，不断提升社区居民的生活环境质量。

5）积极响应的社区创建优势

延庆区积极响应"创文明城区、建美好家园"的号召，围绕全国文明城区创建目标，持续提升城市精细化治理水平，积极打造文明社区，制定常态化环境卫生巡视机制，整治小区及周边环境质量，利用媒体平台和党群服务中心开展文明城区知识宣传，带动居民积极参与社区文明生活建设。如燕水佳园社区，就在文明建设方面取得了显著成效，通过解决居民实际问题、创新垃圾分类方法、加强绿化工作等，成为文明社区的典范。

山澜阙府绿色社区

山澜阙府绿色社区位于延庆新城与老城的交会处，总建筑面积约5.5万 m^2，该社区采用绿色建筑三星设计标准，融合先进技术标准为一体，实现了76%以上的装配率，采用了通过三星绿色建筑建材认证的预拌混凝土、保温材料、防水卷材和涂料，以及全集成设计的装配式厨房和卫生间。

2020年，北京首次推出了高标准住宅评选标准，其评价体系中对绿色环保的高权重和细致要求，体现了政府大力推进绿色低碳建筑发展理念的决心。2021年，住总山澜阙府项目规划方案在高标准商品住宅建设方案投报中通过了建筑品质与规划建筑设计两方面的考核，特别是在绿色建筑、健康建筑、装配式建筑技术与宜居技术及管理模式等方面的表现突出，从而跻身北京首批高标准住宅之列，也成为落地延庆区的首个高标准住宅项目。

山澜阙府作为绿色社区重点项目，已带动后续姊妹项目山澜樾府采用同样高标准开工建设，形成良好的示范带动效应。后续建议持续优化社区适老化、儿童

友好设施、无障碍设施建设，培育社区居民绿色低碳环保的生活方式，全方位打造延庆区绿色低碳社区建设示范模板，为全区绿色社区建设工作提供参考与指引。

图 10-4　山澜阙府绿色社区

10.1.3 机遇与挑战

延庆区创建绿色低碳社区有着多方面的机遇，包括空间格局优势、花园景观优势、绿色建筑优势、智慧化智能化设施优势、文明社区创建优势等，随着延庆RBD被确定为首都花园城市精华示范片区之一，这些机遇均将共同推动延庆区绿色低碳社区的建设和发展。

但同时，绿色低碳社区的建设不是一蹴而就的，需要大量的资金和技术投入，如何持续、稳定地获取这些资源是一个挑战，需要长期的努力和坚持。如何确保绿色低碳社区建设的持续性和长效性，避免形式主义和短期行为，是延庆区需要深入思考的问题。

10.2 建设目标

建设绿色低碳社区是延庆区践行生态文明发展理念，打造绿色低碳城市建设示范样本的新时期居住模式探索；是回应人民美好生活期盼，提升城市空间吸引力，打造首都花园城市延庆样本的创新理念探索；是落实"生态、文明、幸福最美冬奥城"建设要求，彰显后冬奥时代城市高质量规划、建设发展的创新实践探索。

践行首都花园城市建设的创新空间模式探索，延庆区绿色低碳社区建设坚持一个"国际一流的生态文明示范区"总目标，落实"生态、文明、幸福"的最美冬奥城建设三大愿景，制定"高效能、花园式、绿色化、智慧化、国际化"的绿色低碳社区五大领域建设标准。

通过分类施策，明确实施路径，彰显延庆宜居品质。打造自然之美、生命之美充分彰显的最美生态城，努力创建北京美丽后花园和"两山"实践延庆样板；建设活力之美、人文之美有力展现的最美文明城，努力提升产业发展活力和精神文明建设水平；建设生活之美、社会之美不断绽放的最美幸福城，全力建设"望得见山、看得见水、记得住乡愁"的幸福家园。

10.3 指标体系

立足延庆区现状及特色，依据绿色城市建设的相关指导意见、绿色社区的功能特征，参考北京、成都、浙江等地绿色社区、公园社区、未来社区创建的建设标准，构建一套科学、合理的延庆绿色社区评价指标体系，系统地评价和量化延庆绿色社区建设中的成效与问题，旨在为延庆建设绿色低碳社区提供依据，共计11个指标（表10-1）。

1）绿色社区建设达标比例

倡导高效能土地开发模式，引导新建社区采用组团布局、混合使用的土地集约利用模式。

2）一刻钟社区服务圈覆盖率

打造"15分钟""5—10分钟"两级社区生活圈，精准配置符合人群需求标准化、特色化的配套服务设施。

3）建成区公园绿地500m服务半径覆盖率

依托世园公园、妫河等城市级景观资源，强化社区与山川、绿化、水系景观的有机融合。

4）新建社区绿地率

实现步行500m见园，1000m见河的花园场景，新建社区集中布局绿化空间，老旧小区加强景观微环境设计。

绿色低碳美丽社区指标体系　　　　表 10-1

分类	序号	指标名称	现状数值	目标值（2035年）	指标类型	牵头单位	指标来源与数值
空间模式	1	绿色社区建设达标比例	73.08%	80%	约束性	延庆区住房城乡建设委	《北京市绿色社区创建行动实施方案》提出到2022年底，北京市各区60%以上的城市社区参与创建行动并达到创建要求
	2	一刻钟社区服务圈覆盖率	100%	100%	约束性	延庆区商务局	《延庆分区规划（国土空间规划）（2017年—2035年）》提出到2035年基本实现一刻钟社区服务圈的城乡社区全覆盖
花园环境	3	建成区公园绿地500m服务半径覆盖率	97.72%	100%	约束性	延庆区园林绿化局	根据延庆区园林绿化局提供的数据，2022年延庆区建成区公园绿地500m服务半径覆盖率为97.72%。《延庆分区规划（国土空间规划）（2017年—2035年）》提出到2035年建成区公园绿地500m服务半径覆盖率达到100%
	4	新建社区绿地率	—	30%	引导性	延庆区园林绿化局	北京市地方标准《低碳社区评价技术导则》DB11/T 1371—2016提出新社区绿地率不小于35%，老旧社区绿地率不小于25%
健康住宅	5	新建居住建筑执行绿色建筑二星级及以上标准的比例	—	100%	约束性	延庆区住房城乡建设委	《北京市延庆区碳达峰实施方案》提出到2025年，新建居住建筑执行绿色建筑二星级及以上标准
	6	装配式住宅建筑面积占新建住宅建筑面积比例	—	60%	约束性	延庆区住房城乡建设委	《北京市人民政府办公厅关于进一步发展装配式建筑的实施意见》提出，新建地上建筑面积2万m^2以上的保障性住房项目和商品房开发项目，各单体建筑装配率应不低于60%
	7	老旧小区（2000年之前建成）保温节能改造率	—	100%	约束性	延庆区住房城乡建设委	—

分类	序号	指标名称	现状数值	目标值（2035年）	指标类型	牵头单位	指标来源与数值
基础设施	8	新建社区适老化、无障碍设施、儿童友好设施覆盖率	—	100%	引导性	延庆区住房城乡建设委	《关于老旧小区综合整治实施适老化改造和无障碍环境建设的指导意见》
	9	新建社区建设充电设施或预留占配建停车位的比例	—	100%	约束性	延庆区城市管理委	《国务院办公厅关于进一步构建高质量充电基础设施体系的指导意见》提出，既有居住区加快推进固定车位充电基础设施应装尽装，优化布局公共充电基础设施；压实新建居住区建设单位主体责任，严格落实充电基础设施配建要求，确保固定车位按规定100%建设充电基础设施或预留安装条件，满足直接装表接电要求。《延庆区充电基础设施建设管理工作方案》要求居住类建筑按照配建停车位100%规划建设充电基础设施
绿色生活	10	生活垃圾资源化利用率	78%	80%以上	约束性	延庆区城市管理委	根据延庆区城市管理委提供的数据，2022年延庆区生活垃圾资源化利用率为78%，2030年目标80%以上。《北京市"十四五"时期环境卫生事业发展规划》提出，"十四五"末期，实现生活垃圾资源化利用率达到80%
	11	绿色出行率	80.5%	85%	引导性	延庆区交通局	根据延庆区交通局提供的数据，2022年延庆区绿色出行的比例为80.5%。《延庆分区规划（国土空间规划）（2017—2035年）》提出到2035年绿色出行比例达到85%

5）新建居住建筑执行绿色建筑二星级及以上标准的比例

新建居住建筑100%采用绿建二星级建设标准，装配式住宅面积占新建住宅建筑面积比例达到60%。

6）装配式住宅建筑面积占新建住宅建筑面积比例

鼓励居住建筑运用新型节能技术和材料，鼓励屋顶架设分布式光伏，提高建筑节能率，降低建筑能耗。

7）老旧小区（2000年之前建成）保温节能改造率

2000年之前建成的小区全部进行保温节能改造。

8）新建社区适老化、无障碍设施、儿童友好设施覆盖率

普及适老化和无障碍设施建设，结合社区游园增加儿童友好设施，鼓励服务设施以家园中心形式集中建设。

9）新建社区建设充电设施或预留占配建停车位的比例

高标准建设社区基础设施，确保固定车位按规定100%建设充电基础设施或预留安装条件。

10）生活垃圾资源化利用率

以社区为单位编制发布社区绿色生活行为公约，开展生活垃圾分类"定时定点"投放试点工作。

11）绿色出行率

优化公共出行体验，倡导"1公里内步行、2公里内骑自行车、3公里内乘坐公共交通"的绿色出行方式。

10.4 行动方案

10.4.1 "高效能"空间模式

营造以人为本、高效便捷的社区生活模式。提倡以多层住宅为主，低密度、高绿化的空间布局模式，营造视野开阔、舒适宜居的空间感受。倡导"高效能"的土地开发模式，围绕世园公园、首体院及轨道微中心，引导新建社区组团化功能布局、适宜性混合使用的土地集约利用模式。打造"15分钟""5—10分钟"两级社区生活圈，精准配置符合人群需求的标准化、特色化的配套服务设施。

10.4.2 "花园式"社区环境

塑造望山亲水、森拥园簇的花园社区环境。依托世园公园、妫河等城市级景观资源，强化社区与山川、绿化、水系景观的有机融合，实现步行500m见园，1000m见河的花园场景。新建社区集中布局绿化空间，打造生境丰富、森拥园簇的花园社区场景；老旧小区结合实际情况，因地制宜、见缝插针，优化植物微环境设计，打造多元化、小而美的绿化空间。到2035年，实现建成区公园绿地500m服务半径100%覆盖率。

10.4.3 "绿色化"健康住宅

打造宜居舒适、节能减排的新型健康住宅产品。新建居住建筑100%采用绿建二星级建设标准，鼓励居住建筑运用新型节能技术和材料，鼓励屋顶架设分布式光伏，装配式住宅面积占新建住宅建筑面积比例达到60%；加大既有建筑节能改造力度，与老旧小区改造同步实施，提高建筑节能率，降低建筑能耗。

10.4.4 "智慧化"基础设施

建设全龄友好、科技智慧的基础配套设施产品。普及适老化和无障碍设施建设，结合社区游园增加儿童友好设施，鼓励服务设施以家园中心形式集中建设。高标准建设新建社区基础设施，落实节能减排、智慧运维等高品质建设要求，普及适老化和无障碍设施建设；确保固定车位按规定100%建设充电基础设施或预留安装条件。

10.4.5 "低碳化"绿色生活

培育生态文明、低碳环保的延庆绿色生活理念。持续开展绿色生活主题宣传教育，以社区为单位编制发布社区绿色生活行为公约；树立垃圾分类意识，开展生活垃圾分类"定时定点"投放试点工作。优化轨道交通、公交站点接驳体系，衔接城市级绿道系统，倡导"1公里内步行、2公里内骑自行车、3公里内乘坐公共交通"的绿色出行方式，力争2025年社区低碳出行比例达到50%及以上。

10.4.6 "X"个场景

立足延庆特色，彰显延庆风采，打造"公园+"绿色社区、"体育+"绿色社区、"文化+"绿色社区、"活力+"绿色社区、"智慧+"绿色社区等场景，构成绿色社区美好生活向往的集中承载。

1）"公园+"绿色社区场景

"公园+"绿色社区场景通过构建渗透融合的生态本底、自然友好的生态感知、安全韧性的承载能力以及低碳节能的生活形态，营造自然宜居的生态环境。这种模式重塑公园吸引力，突出绿地网络空间互联，强化公园与社区的渗透融合，将自然元素融入社区生活，使居民在社区内部能够感受到自然的气息。"公园+"绿色社区场景不仅可以打造社区绿色宜人的环境景观，还可为社区提供休闲、娱乐和健身的多功能场所，促进社区的可持续发展和居民的生活品质提升。

建设区域：以世园会园区周边、妫水河等重要生态廊道周边社区为重点打造片区。

图10-5 "公园+"绿色社区场景示意

2）"体育+"绿色社区场景

"体育+"绿色社区场景是将体育设施通过结合社区公园设置小微运动场地、特色冰雪健身设施等模式，创造融合运动氛围和活力设施的绿色低碳社区生活空间。"体育+"绿色社区场景不仅有助于提升居民的身体健康，还能够增强社区的活力、促进居民之间的交流和互动，同时，体育元素的注入也有利于提升社区的整体形象和吸引力，为居民提供了一个健康、快乐和充满活力的生活空间。

建设区域：以冬奥场馆周边社区为重点打造片区。

图 10-6 "体育 +"绿色社区场景示意

3）"文化 +"绿色社区场景

"文化 +"绿色社区场景将致力于打造传承保护的长城文化、全民共享的文化服务、特色彰显的社区文化等场景，在社区内融入丰富的文化元素，创造出融合历史底蕴及现代服务的社区生活空间。"文化 +"绿色社区场景为社区增添文化内涵与特色，彰显独特魅力与活力，提升居民的归属感和自豪感。

建设区域：以老城周边及长城沿线社区及具有其他历史文化资源的社区为重要打造片区。

图 10-7 "文化 +"绿色社区场景示意

4）"活力 +"绿色社区场景

"活力 +"绿色社区场景主要通过公园游憩的休闲消费、各具特色的社群消费、双线互动的导流消费、沉浸变幻的全时消费等活力消费场景的打造，构建休闲生态、全时多元、沉浸变幻的绿色社区活力空间，有助于促进社区居民的休闲娱乐和社交互动，提升社区的整体活力和吸引力。

建设区域：以延庆新城商业活力片区周边社区为重要打造片区。

图 10-8　"活力 +"绿色社区场景示意

5）"智慧 +"绿色社区场景

"智慧 +"绿色社区场景通过多维支持的智慧感知、多元集成的智慧服务和多端结合的智慧运营，打造出智能化、便捷化的绿色社区场景。"智慧 +"绿色社区场景提供了实时精准的智能监测、高效便捷的智慧服务，可以极大提升社区的整体管理效率和居民生活质量。

建设区域：全域社区。

图 10-9　"智慧 +"绿色社区场景示意

第11章

——村镇

森拥林簇，和美乡村

11.1 基础现状

11.1.1 基本情况

延庆区下辖3个街道、11个镇、4个乡，先后获得"全国绿化模范县""ISO 14000运行国家示范区""国家园林县城""北京市可再生能源示范区""国家生态县"等称号，成为"全国控制农村面源污染示范区""全国生态文明建设试点县""国家水土保持生态文明县"。2017年，延庆区入选北京市唯一国家有机产品认证示范区。2018年，延庆区入选第二批"绿水青山就是金山银山"实践创新基地。2019年9月，延庆区入选首批国家全域旅游示范区。2020年8月，延庆区入选农业农村部"互联网+"农产品出村进城工程试点县；10月20日，延庆区入选全国双拥模范城；11月1日，延庆区入选第三批节水型社会建设达标县；12月，延庆区入选第一批国家文化和旅游消费试点城市。2021年2月18日，延庆区入选2020年度全国村庄清洁行动先进县；6月，延庆区入选全国农民合作社质量提升整县推进试点单位；8月，被农业农村部办公厅认定为2021年全国休闲农业重点县。2022年1月，入选"2022年冰雪旅游十佳城市"；8月，被列入第三批国家农业绿色发展先行区创建名单。2023年10月，延庆区入选第三批国家农产品质量安全县。

图 11-1　北京延庆硅化木国家地质公园

"十四五"时期延庆区深入贯彻落实习近平总书记对北京重要讲话精神，结合本区"三农"工作特点，立足首都生态涵养区功能定位，坚定不移地实施生态文明发展战略，落实乡村振兴战略总要求，为乡村振兴战略实施和与北京同步率先基本实现农业农村现代化奠定了坚实基础。

2023年，延庆区$PM_{2.5}$累计平均浓度27.5μg/m³、空气质量综合指数3.25、累计优良天数307天，均为北京市第一。7个国考、市考断面均达到或优于考核要求，优良水体比例首次达到100%。污染防治攻坚战成效考核连续4年优秀，国家重点生态功能区县域生态环境质量考核连续5年保持"变好"等级，生态环境保护管理考核单项获得满分，在京津冀地区排名第一。开展全区饮用水水源地环境状况调查评估和重点区域地下水调查评估，完成7个乡镇200眼农田灌溉井水质监测。推进低碳试点示范建设，世园公园"零碳园区"一期改造完成。完成生态文明体制改革2项任务，在生态文明体制改革、制度创新、模式探索等方面，获2022年度国务院激励通报，为北京市唯一。2022年度全区及分乡镇GEP结果核算，同比增长2.75%。在全国率先出台《延庆区生态产品总值（GEP）提升工作方案》《生态产品总值（GEP）核算考核奖励办法》，"延庆区探索GEP核算与结果应用典型案例"纳入国家发展改革委辅导读本。制定《延庆区生态环境质量指数（EI）提升若干措施（2023—2025年）》，生态环境质量指数（EI）达到75.5，连续4年保持"优"等级。

11.1.2　建设优势

1）生态环境持续改善

水资源状况优良，农业高效节水面积占比高。2020年延庆区水环境质量全市第一，成功创建全国水生态文明城市、市级节水型区。大力发展高效节水农业，推广实施种植业水肥一体化、田园滴灌、畜禽养殖雨污分流、水产养殖标准化改造等工程。农业节水灌溉面积达到8.06万亩，占耕地面积的35.5%，农业灌溉水有效利用系数达到0.751，大幅领先于全国平均水平0.56。

实施耕地休耕轮作项目，耕地质量等级稳步提升。试点地块休耕期减少灌溉用水量50%以上，实现化肥、化学农药用量零投入，确保土壤理化性状得到改善。通过实施保护性耕作、农机深松、种养循环、有机肥施用等，延庆区土壤耕地质量稳步提升，由2015年耕地质量等级5.11级，提升至2020年4.60级，领先于全国平均水平4.76级，对农业可持续发展的支撑能力明显提高。延庆区现状拥有高标准农田超过10万亩。

制定推广应用绿色防控产品工作方案，化学农药大幅减量。截至2023年底，全区蔬菜绿色防控覆盖率达到82.54%，统防统治覆盖率达到57.91%，农药利用率达到47%，单位耕地面积农药用量为138.63g/亩，农药总用量为25.84t。延庆农药利用率远远高于《"十四五"全国农业绿色发展规划》（简称《全国"十四五"规划》）2025年目标值43%。

图 11-2　蔬菜种植

应用有机肥替代技术，化肥减量增效显著。2023年全区播种面积共21.9万亩，化肥总用量4519.6t，平均单位面积化肥用量20.8kg/亩，化肥利用率42.3%，测土配方施肥技术覆盖率达到98%以上，与常规施肥相比，有效减少了化肥施用量。延庆化肥利用率处于国内中等偏上水平，距《全国"十四五"规划》2025年目标值43%尚有一定差距。

开展农业废弃物综合利用项目，有效提高秸秆尾菜回收利用率。2023年延庆区农业生产活动中塑料薄膜总用量约608t，回收量约570t；废旧农用塑料薄膜（简称农膜）回收和综合利用率达到93.75%。领先于全国平均水平80%，并优于国内同类指标先进地区。2023年延庆区农作物秸秆总量约6.6万t，尾菜产生量约4.5万t，秸秆、尾菜利用总量约6.1万t；秸秆综合利用率达到99%、尾菜综合利用率达到60%，秸秆综合利用率领先于全国平均水平86%，并优于国内同类指标先进地区。

探索建立可复制、可推广的种养循环模式，统筹畜禽废弃物资源。结合全区养殖现状、良田菜田资源等情况制定实施方案，在旧县镇开展种养循环畜禽粪肥还田利

图 11-3　机械化农膜回收

用试点工作。经过第一年施用，周边种植户对施用效果逐渐认可，还田积极性有所提升，为后期大范围推广奠定了基础。该模式有效解决了养殖主体粪肥处理问题，节省企业液体粪肥处理费用27万元，有效提升了养殖场周边的环境。撒施液体粪肥后，同地块缓释肥投入减少20％左右，亩产增加8％左右，特别是旧县镇大力发展的鲜食玉米，产量显著提高。畜禽养殖实施粪污无害化处理与就地就近还田利用，形成"规模养殖场＋种植户""场内小循环＋区域大循环"等若干可复制可推广的农业循环发展模式。2023年延庆区规模化畜禽养殖场粪污处理设施设备已经全覆盖，规模化养殖场畜禽粪污综合利用率达到95％。领先于全国平均水平76％，与同领域优秀城市处于同一水平。

　　大力推进绿色有机农产品认证，稳步提升绿色有机农产品覆盖率。创建"一镇一品""一镇多品"绿色有机产业格局。2023年，绿色有机农产品认证产量为1.45万t。延庆区整体呈现绿色有机农业生产主体多、绿色农业技术研发能力强、绿色农业技术模式普及率高、市场供应量大的特点。

2）高质量持续推动产业融合发展

　　创建国家农业绿色发展先行区。通过开展绿色农业基地建设工程、绿色农业融合发展工程、农业废弃物综合利用工程、农业绿色发展科技创新工程、农业绿色发展支撑保障工程五大工程以及出台用地、金融、科技、人才相关政策，保障创建工作有序开展，成功列入第三批国家农业绿色发展先行区创建名单。创建国家农业绿色发展先行区是探索农业绿色发展道路、创新绿色农业技术模式、打造绿色有机农产品样板区的现实需求，对于示范引领生态涵养区农业绿色发展具有重要意义。

生态农业推进顺利，休闲农业稳步发展。截至2023年底，延庆区已有2家农场获得"国家级生态农场"称号，8家农场获得"北京市生态农场"称号。建设总规模为5.69km²。2020年延庆区在北京市"十百千万"休闲农业考核中排名第一，被评为2020年中国乡村旅游发展名区。建设星级农业观光园37家，国家级休闲农业园区25家。休闲农业的发展带动了绿色有机农产品的消费，初步形成了相互促进、协同共赢的良好局面。

精品民宿成为延庆旅游度假新名片。建成千家店镇和旧县镇2个市级休闲农业与乡村旅游示范镇、10个美丽休闲乡村、11个全国"一村一品"示范村。张山营镇后黑龙庙村被评为"全国休闲农业重点村"。发挥北京市首个民宿联盟作用，成为全国首批民宿产业发展示范区。推出140项文旅产品，10项市级体育旅游精品线路，乡村旅游接待收入增长62.8%，精品民宿旅游收入增长12.1%，人均旅游消费大幅提升，民宿旅游总收入居生态涵养区首位。

图 11-4 千家店镇民宿集群

3）探索并推进资源节约与能源转型利用

实现多元清洁供暖体系。2024年延庆区村庄已完成冬季清洁取暖煤改气1.5万户，煤改电6.4万户，尚余0.95万户未完成冬季清洁取暖改造，全区村庄供暖季平均供暖成本每月约5元/m²。

积极探索污水处理再利用优秀产业项目。德青源健康养殖生态园沼气发电工程升级改造项目，利用现有鸡舍建立有机肥生产线，利用德青源生态园规模化养殖产生的粪污及壳蛋加工厂和液蛋加工厂的污水进行沼气发电，确保农场所产生的粪污能够得到充分的无害化处理与资源化利用。

鼓励推广清洁能源开发利用。全区2023年新增光伏发电装机容量1559.9kW；在北京市延庆区康庄中学、北京市延庆区第一中学及东晨阳光（北京）太阳能科技有限公司等地新增太阳能热水建筑应用面积1917.7m²；在旧县镇、香营乡、井庄镇、大庄科乡、永宁镇、大榆树镇新增空气源热泵供暖面积100万m²；共计完成286个村煤改清洁能源改造工作。

4）开展村镇空间改造建设，提升人居生活环境

美丽乡村建设工作稳步展开，农村人居环境显著改善。2023年，持续开展"六清一改"村庄清洁行动，清理卫生死角1.1万余处，清理乱堆乱放1万余处，20个美丽示范村基本达到示范效果。第一、二季度在全市13个涉农区农村人居环境整治综合考核中分列第2、3名。

"百村示范、千村整治"工程深入实施，大力推动农村人居环境整治进程。改造户厕8490户，村镇地区使用卫生厕所总户数约6万户，约占98.5%，实现生活垃圾收集、转运、处理全覆盖。落实国家森林城市创建总体规划，推动绿景向美景转化。践行"两山"理论，林地、草地、湿地等自然生态系统现代化治理能力显著提升，生态产品价值实现机制不断完善。

通过奖励措施鼓励居民自行进行抗震节能农宅建设、改造。2018—2022年全区共计开展抗震节能农宅建设9737户，其中新建翻建7460户，节能改造2277户。农宅建成后须符合以下建设标准：抗震方面应符合8度设防要求；节能方面应符合外墙传热系数K值不大于0.45W/(m²·K)，外窗的传热系数K值不大于2.7W/(m²·K)；保温材料防火等级不低于B1级。

11.1.3 机遇与挑战

1）生态环境方面

生态环境质量持续改善面临压力。随着社会生产生活逐步恢复，排放增加，减排措施不断推进，污染物存量不断减少，空气质量改善空间逐步缩小。个别水断面水

质不稳定，水环境治理成效不稳固，精细化治理水平需进一步提升，"最后一公里"责任落实不到位，需持续推进水环境治理并采取长效保护措施。

2）农业发展方面

农业主导产业培育还须加强，绿色蔬菜、种业、畜牧业规模仍然不大，龙头企业带动能力不强，产业规模效应不明显，主导产业尚未形成。绿色有机农产品品牌影响力有限，辐射带动范围不大，品牌价值不高。部分农田基础设施不完善，农田节水等设施仍有不足。专业配套机械仍显不足，高效蔬菜、果园生产、病虫害防治等设备仍然不足，农业废弃物收储运设施仍然缺乏，制约了果木枝条、畜禽粪污等资源高效利用。农业智能化比率较低，信息技术在农业农村管理、蔬菜水果等农业生产中利用水平不足。

3）产业融合方面

延庆虽率先开展GEP核算工作，并已将GEP核算写入《延庆区生态文明建设规划（2021—2035年）》，并推进试点工作，但生态效益转化为经济效益未见明显成效，对标先进地区差距较大，生态产品价值实现机制有待进一步深入探索。目前地区一、二、三产业融合度较低，第三产业增长率较低。科技创新能力仍然不足，农业与休闲旅游业等产业融合深度仍然需要加强。

图 11-5　八达岭镇石峡村民俗活动

4）资源利用方面

在清洁能源的利用方面尚未达到最高水平，且目前尚未建设能源管理平台及能源梯级利用系统。垃圾处理能源利用设施有所欠缺，大量生活垃圾仍要通过填埋方式进行处理，亟须探索新的处理路径。垃圾资源化利用水平低，严重缺少建筑垃圾资源化处置场所。

5）农村建设方面

美丽乡村建设推力有一定不足，部分污水处理工程尚未开工，地下制约地上，影响整体建设进度。部分农村人居环境管理不善、出现滑坡，对农村人居环境整治缺乏深入系统的研究和思考，在落实责任、细化举措、建章立制等方面做得不够，还须加强生态文明建设。

11.2 建设目标

以"保生态、谋发展、促提升"为主线，促进村镇的资源高效利用、人与自然和谐相处、技术和自然充分融合，在全面节地、节水、节能、节材和环境保护的基础上，实现村镇环境生态友好、资源节约低碳、经济绿色循环、生活和美宜居的协调发展，最大限度发挥村镇的生产力和创造力，实现村镇的绿色低碳循环发展。以碓臼石村、张山营镇为试点，打造绿色低碳示范村镇，从环境友好、低碳发展、资源节约、绿色生活四个方面开展绿色低碳村镇建设。因地制宜推进绿色低碳村镇示范工作，构建绿色低碳高品质的"示范村—微中心—示范镇"三级示范体系。

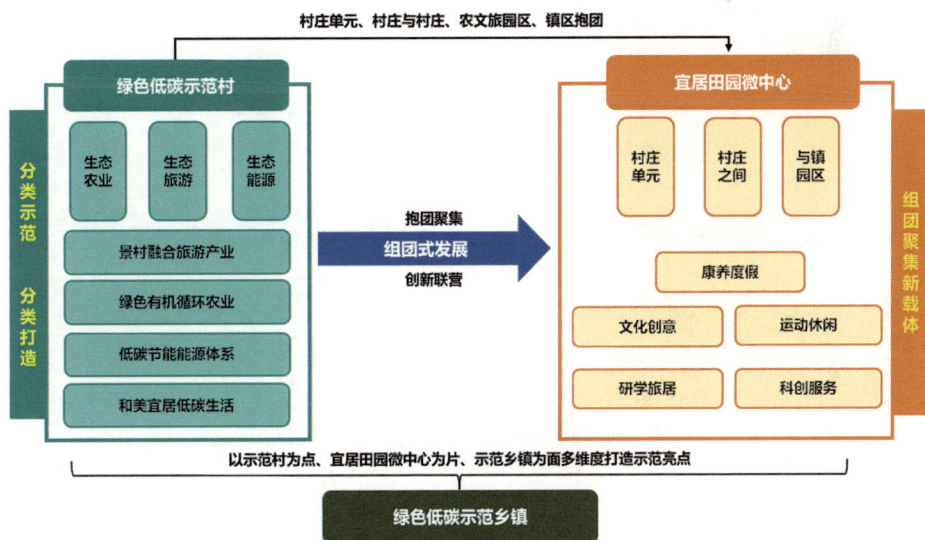

图 11-6 "示范村—微中心—示范镇"三级示范体系

11.3 指标体系

11.3.1 筛选思路

绿色村镇建设指标体系的层次构成遵从系统学的结构层级和制定原则。在体系构建过程中，结合延庆资源特色、现状发展特点、国内相关指标体系及绿色村镇建设内容，运用层次分析法，以目标为导向，将绿色村镇建设指标体系分三个层次形成延庆区绿色低碳村镇建设指标体系。

1）系统梳理

综合展现了绿色村镇建设的发展程度，明确整体态势和发展进程，预估绿色村镇建设的整体效果。通过对国内现有指标体系的梳理与借鉴，结合延庆自身特色性指标，形成延庆特有绿色村镇建设指标体系。

2）目标导向

以绿色村镇建设内涵构成为导向，在参考我国已经制定的相关指标体系分类基础上，针对延庆现状生态自然资源禀赋良好、村庄产业农业占比较大、已有部分相关政策出台、基础设施建设已满足基本需求、乡村环境整体水平优良、已形成部分绿色生活习惯的现实情况及特色，明确环境友好、资源节约、低碳发展、绿色生活四大维度的战略顶层目标设计。

3）指标管控

选择具有引领性、代表性、前瞻性的具体指标进行控制与指引，将指标落实到总体规划阶段、控制性详细规划阶段和修建性详细规划阶段，反映各准则层的具体内

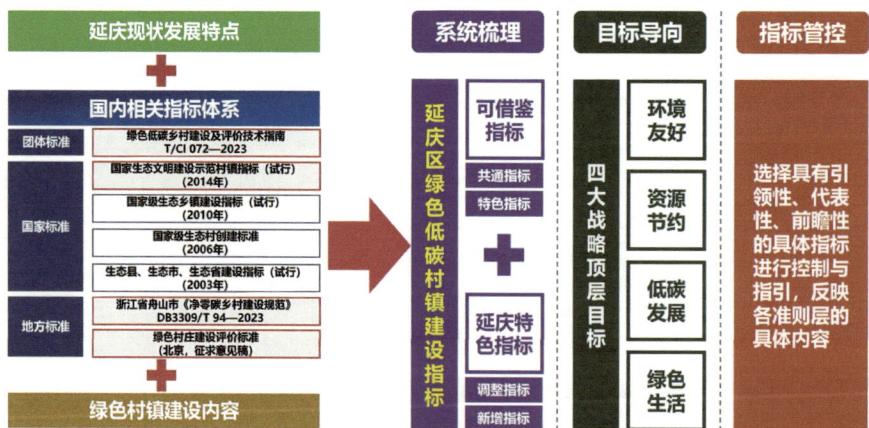

图 11-7 指标体系筛选流程图

容。不仅要静态反映主要指标情况和现有的可持续发展情况，还要动态反映规划实施后的变化趋势以及影响程度，以保证目标的落定性及实施性。

11.3.2 国内相关指标体系

随着国内村镇建设向绿色发展转型，国家相关部委及各地区也在逐步研究出台各项指导要求以对各地绿色村镇建设工作进行指导。其中提出了相关评价指标体系的国家级标准主要为2003年发布的《生态县、生态市、生态省建设指标（试行）》、2006年发布的《国家级生态村创建标准》、2010年生态环境部发布的《国家级生态乡镇建设指标（试行）》、2014年生态环境部发布的《国家生态文明建设示范村镇指标（试行）》；团体标准为2023年中国国际科技促进会发布的《绿色低碳乡村建设及评价技术指南》T/CI 072—2023；较成熟的地方性标准包括2023年舟山市发布的《净零碳乡村建设规范》DB3309/T 94—2023，以及北京尚未发布的《绿色村庄建设评价标准》（征求意见稿）。

本次以国家标准、团体标准、地方标准中最新发布的相关指导要求为基准，梳理其中共通及特色指标项，结合延庆区自身现状特征及未来发展要求，对其可借鉴指标项进行提取。

11.3.3 指标筛选

1）指标体系构建

结合延庆区自身资源特色及绿色发展方向，提取国内现有指标体系中10个可借鉴指标项，其中多个标准中共同涉及的共通性指标项7个，部分标准中独有的特色性指标项3个（表11-1）。

可借鉴指标提取　　　　　　　　　表11-1

序号	分类	指标名称		指标性质
1	生产发展	主要农产品中有机、绿色食品种植面积的比重	绿色与低碳零碳农产品认证	共通性指标
2		化肥施用强度		共通性指标
3		农药施用强度		共通性指标
4		畜禽养殖场（小区）粪便综合利用率		共通性指标
5		农用塑料薄膜回收率		共通性指标

序号	分类	指标名称	指标性质
6	生产发展	农作物秸秆综合利用率	共通性指标
7		农业灌溉水有效利用系数	特色性指标
8	能源结构	使用清洁能源的农户比例	共通性指标
9	生态良好	生活污水处理率	特色性指标
10		河塘沟渠整治率	特色性指标

根据延庆自身情况，调整部分指标内容，并增加1项特色性指标，使之更符合延庆地区现状特色及未来发展需求，最终形成共11项延庆地区特有指标体系（表11-2）。

延庆绿色村镇指标体系内容   表11-2

序号	分类	指标名称	指标来源
1	环境友好	村镇河塘沟渠整治率	借鉴指标
2	资源节约	农业灌溉水有效利用系数	借鉴指标
3		废弃农用塑料薄膜回收率	借鉴指标
4		农作物秸秆循环利用率	借鉴指标
5		化肥利用率	延庆调整指标
6		农药利用率	延庆调整指标
7		集约化（规模化）畜禽养殖场粪便综合利用率	借鉴指标
8	低碳发展	主要农产品中绿色、有机、地理标志农产品产量	延庆调整指标
9		生活用能中清洁能源家庭覆盖率	借鉴指标
10		村镇生活污水集中处理率	借鉴指标
11	绿色生活	村镇环保宣传普及率	延庆特色指标

2）指标目标值确定

（1）村镇河塘沟渠整治率

定义：村镇域内完成整治的河道、水塘、水沟和水渠的数量占村庄河道、水塘、水沟和水渠总数的百分比。

河道指《河道等级划分办法》确定的四级（含）以上的河道。塘、沟和渠分别指村域视线范围内的主要水塘、水沟和水渠等。河塘沟渠整治指村域内的河道、水塘、水沟和水渠开展了截污治污、拆除违章、清淤疏浚、环境卫生治理、河岸生态化改造等的治理内容。完成整治的河道、水塘、水沟和水渠应净化整洁、无淤积、无臭味、无白色污染、无垃圾杂物等。

延庆现状：延庆水资源丰富，境内有四级以上河流18条，其中三级河流2条，年可利用水资源总量约 1.9 亿 m³。小流域有 85 条，截至 2023 年底，建成生态清洁小流域 79 条，占全区小流域的 92％。近年通过持续进行生态建设，河湖水环境总体不断改善，但局部仍存在个别水断面水质不稳定、水环境治理成效不稳固的问题。

目标值：结合延庆自身资源及发展方向，水环境质量为延庆重要生态特色景观资源之一，水环境整治工作有较大开展需求。结合《国家生态文明建设示范村镇指标（试行）》中河塘沟渠整治率不低于 90％ 的指标要求，明确延庆区村镇河塘沟渠整治率的目标值为至 2030 年不低于 90％。

（2）农业灌溉水有效利用系数

定义：在一次灌溉水期间被农作物利用的净水量与水源渠首处总引进水量的比值。是衡量灌区从水源引水到田间作用吸收利用水的过程中水利用程度的重要指标，也是集中反映灌溉工程质量、灌溉技术水平和灌溉用水管理的一项综合指标，是评价农业水资源利用、指导节水灌溉和大中型灌区续建配套及节水改造健康发展的重要参考。

延庆现状：截至 2023 年底，延庆耕地质量等级达 4.56，农业节水灌溉面积达到 8.06 万亩，占耕地面积的 35.5％，农业灌溉水有效利用系数达到 0.751，大幅领先于全国平均水平 0.56。

目标值：延庆现状农业灌溉水有效利用系数达到 0.751，已远远优于类似相关标准与《全国"十四五"规划》目标值，为延庆区领先指标。结合延庆发展条件及发展需求，明确延庆区农业灌溉水有效利用系数目标值为继续保持不小于 0.751。

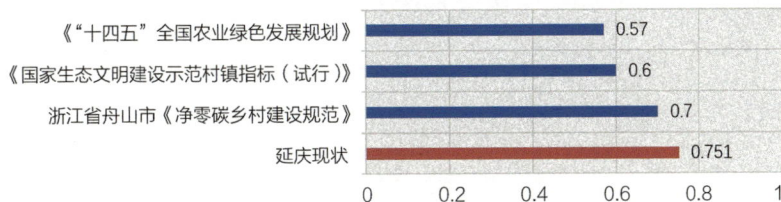

图 11-8　农业灌溉水有效利用系数对比

（3）废弃农用塑料薄膜回收率

定义：农业生产活动中所用塑料薄膜（如用于育种、育苗、覆盖土地、塑料大棚、蘑菇生产等所使用塑料薄膜及塑料膜）回收的数量占所用薄膜总量的比例。

延庆现状：近年来延庆实施农膜、农药包装废弃物回收工程，2023 年底废旧废弃农用塑料薄膜回收率达到 93.75％，农药包装废弃物回收覆盖率达 100％。

目标值：延庆现状废弃农用塑料薄膜回收率达到 93.75％，已优于大部分类似相关标准及《全国"十四五"规划》目标值，仅略低于北京地方标准征求意见稿中的

95％要求。结合延庆区发展条件，明确延庆区废弃农用塑料薄膜回收率目标值为到2025年不低于94％。

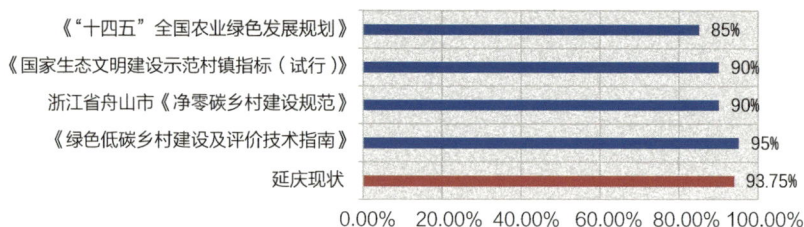

图 11-9 废弃农膜回收率对比

（4）农作物秸秆循环利用率

定义：综合利用的秸秆数量占秸秆总量的比例。秸秆综合利用主要包括粉碎还田、过腹还田、用作燃料、秸秆气化、建材加工、食用菌生产、编织等。村域内全部范围划定为秸秆禁烧区，并无农作物秸秆焚烧现象。

延庆现状：延庆连续三年开展秸秆全量化利用工作并建立示范展示基地、推广关键创新技术，在13个乡镇建立10个秸秆肥料化、饲料化处理站，3个尾菜废弃物处理站，通过秸秆肥料化、饲料化、能源化方式，推进秸秆综合利用，现状农作物秸秆循环利用率保持在99％以上。

目标值：延庆现状农作物秸秆循环利用率为99％，已达到类似相关标准最高目标值，并超出《全国"十四五"规划》及《延庆区"十四五"规划》[指《延庆区"十四五"时期乡村振兴战略实施规划（2021—2025）》]目标值，为延庆区领先指标。结合延庆区未来发展条件，以相关最高标准为基准，明确延庆区农作物秸秆循环利用率目标值为继续保持不低于99％。

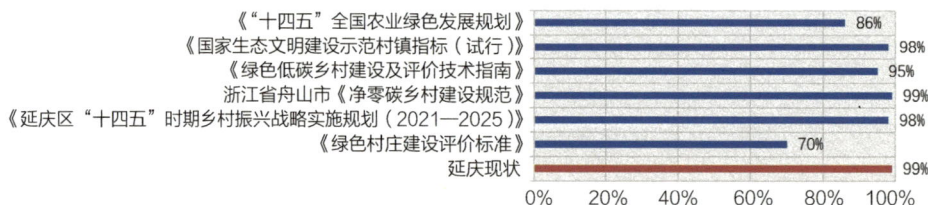

图 11-10 农作物秸秆循环利用率对比

（5）化肥利用率

定义：肥料中某种营养元素被当季农作物吸收利用的数量占施用肥料中该种营养元素总量的百分比。

延庆现状：近年来，延庆区通过推广有机肥使用、实施农业废弃物循环利用项目等多项措施提高了化肥利用率，有效减少了化肥使用量，提高了土壤有机质和氮磷钾含量，平均每亩减少化肥使用5.4kg，截至2023年底主要农作物化肥利用率达42%。

目标值：延庆现状化肥利用指标已完成《延庆区"十四五"规划》目标值，但较《全国"十四五"规划》目标值尚有一定差距。为推动延庆绿色低碳农业发展，提高资源利用效率，作为延庆特色指标提出指标要求，明确延庆区化肥利用率目标值为2025年提高至43%以上。

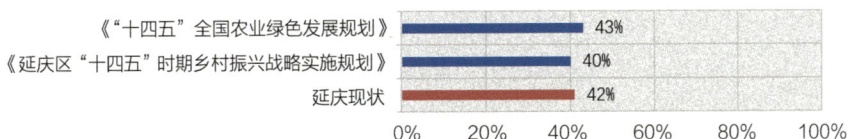

《"十四五"全国农业绿色发展规划》　43%
《延庆区"十四五"时期乡村振兴战略实施规划》　40%
延庆现状　42%
0%　20%　40%　60%　80%　100%

图11-11　化肥利用率对比

（6）农药利用率

定义：单位面积内沉积在农作物上的农药量占所施用农药总量的百分比。

延庆现状：近年来延庆推广了昆虫雷达大范围监测预警、植保无人机、AI病虫害识别技术等现代植保技术，有效地提高了农药利用率，至2023年底主要农作物农药利用率达47%。

目标值：延庆现状农药利用率为47%，已远远超过《全国"十四五"规划》及《延庆区"十四五"规划》目标值。为保障延庆绿色低碳农业稳定发展，作为延庆特色指标提出指标要求，根据延庆自身条件明确延庆区农药利用率目标值为保持不低于45%。

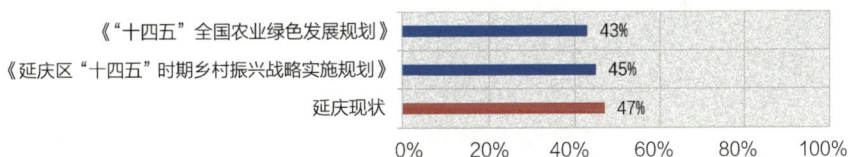

《"十四五"全国农业绿色发展规划》　43%
《延庆区"十四五"时期乡村振兴战略实施规划》　45%
延庆现状　47%
0%　20%　40%　60%　80%　100%

图11-12　农药利用率对比

（7）集约化（规模化）畜禽养殖场粪便综合利用率

定义：集约化畜禽养殖场综合利用的畜禽粪便量与畜禽粪便产生总量的比例。畜禽粪便综合利用主要包括直接用作肥料、制作有机肥、培养料、生产回收能源（包括沼气）等。

延庆现状：2023年延庆区规模化畜禽养殖场粪污处理设施设备已经全覆盖，规模化养殖场畜禽粪污综合利用率达到96.63%。

目标值：延庆现状集约化（规模化）畜禽养殖场粪污综合利用率为96.63%，已达到《全国"十四五"规划》及《延庆区"十四五"规划》中畜禽养殖场粪污综合利用率目标值，并高于《绿色低碳乡村建设及评价技术指南》中畜禽养殖场粪便综合利用率92%的要求，仅低于《国家生态文明建设示范村镇指标（试行）》中畜禽养殖场粪便综合利用率100%的要求。结合延庆发展条件，避免造成建设任务负担，明确延庆区集约化（规模化）畜禽养殖场粪便综合利用率目标值为继续保持不低于95%。

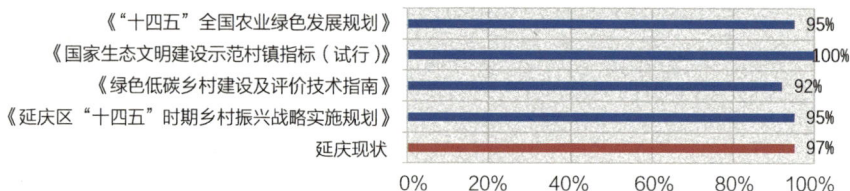

图 11-13　集约化（规模化）畜禽养殖场粪便综合利用率对比

（8）主要农产品中绿色、有机、地理标志农产品产量

定义：指稻米、小麦、玉米、棉花、油料作物、蔬菜、水果等主要农产品中，认证为有机、绿色或有特定地域特征的农产品的产量。

延庆现状：截至2023年底，延庆区已实现绿色有机农产品认证279个，农产品质量安全例行监测总体合格率达到99%以上，绿色、有机、地理标志农产品产量为1.45万t。

目标值：现状与《延庆区"十四五"规划》目标值为2.39万t尚有一定差距。为提高延庆绿色农业品牌影响力，推动延庆绿色农业产业发展，结合延庆区现状情况及未来发展条件，明确延庆区主要农产品中绿色、有机、地理标志农产品产量目标值为2025年达到2.39万t以上。

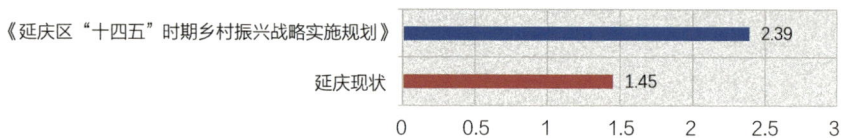

图 11-14　主要农产品中绿色、有机、地理标志农产品产量对比

（9）生活用能中清洁能源家庭覆盖率

定义：村镇内生活用能中使用清洁能源的户数占总户数的比例。新能源指消耗后不产生或很少产生污染物的可再生能源（包括水能、太阳能、生物质能、风能、潮汐能等）和使用低污染的化石能源（如天然气）以及采用清洁能源技术处理后的化石能源（如清洁煤、清洁油）。计算公式如下：

$$生活用能中清洁能源家庭覆盖率 = \frac{使用清洁能源的户数（户）}{总户数（户）} \times 100\%$$

延庆现状：延庆大力推动清洁能源建设工作，已完成村庄地区共约7.9万户清洁取暖改造，尚余0.95万户未完成改造，村庄地区清洁取暖改造工作进展顺利。

目标值：结合延庆相关工作建设进展与《延庆区"十四五"规划》目标，同时避免造成建设任务负担，以《国家生态文明建设示范村镇指标（试行）》目标值为基准，明确延庆区生活用能中清洁能源家庭覆盖率目标值为2025年达到80%以上。

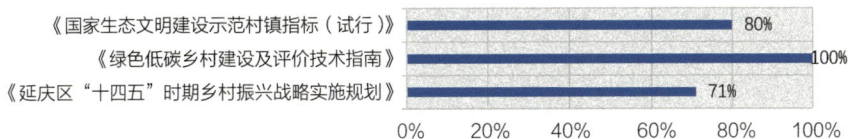

图 11-15　生活用能中清洁能源家庭覆盖率对比

（10）村镇生活污水集中处理率

定义：村镇建成区内经过污水处理厂二级或二级以上处理，或其他处理设施处理（相当于二级处理），且达到排放标准的生活污水量占村镇建成区生活污水排放总量的百分比。

污水处理厂包括采用活性污泥、生物滤池、生物接触氧化加人工湿地、土地快渗、氧化塘等组合工艺的一级、二级集中污水处理厂，其他处理设施包括氧化塘、氧化沟、净化沼气池，以及小型湿地处理工程等分散设施。

延庆现状：全区建成村级污水处理站83座，乡镇级污水处理厂15座。全区376个村中，已有292个村解决了污水处理问题，现状村镇生活污水集中处理率为79%。

目标值：延庆现状村镇生活污水集中处理率与类似相关标准及《延庆区"十四五"规划》目标值有一定差距。结合延庆发展条件，明确延庆区村镇生活污水集中处理率目标值为2025年达到86%以上。

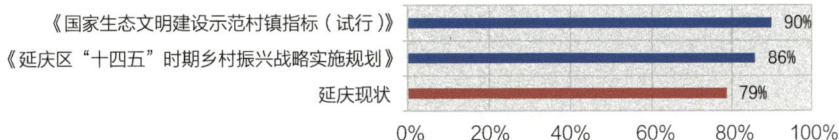

图 11-16　村镇生活污水集中处理率对比

（11）村镇环保宣传普及率

定义：中小学开展环境保护知识讲座学校所占比例，以及其他科普宣传中，涉及有关环境保护内容的比例之和。

延庆现状：延庆开展多样乡村环保宣传活动，2024年开展"1+80"场生态环保宣传实践活动。

目标值：为保障延庆绿色低碳建设工作顺利开展，建设成果可持续维持，需同步加强居民生态文明建设，保障人居环境管理稳定。参考2003年《生态县、生态市、生态省建设指标（试行）》中不低于85%的指标要求，结合延庆现状条件及宣传工作情况，对《生态县、生态市、生态省建设指标（试行）》目标值进行适当提高，对明确延庆区目标值为2025年达到95%以上。

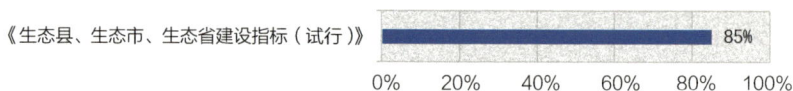

图 11-17 村镇环保宣传普及率指标

11.3.4 延庆区绿色低碳村镇建设指标体系（表11-3）

延庆区绿色低碳村镇建设指标体系示意表　　　　　　　　　表 11-3

序号	分类	路径	指标名称	现状数值	目标值			指标属性	指标类型
					2025年	2030年	2035年		
1	环境友好	环境修复	村镇河塘沟渠整治率	—	—	≥90%	—	约束型	提升*指标
2		农业减排固碳	农业灌溉水有效利用系数	0.751	—	—	≥0.751	约束型	领先*指标
3			废弃农用塑料薄膜回收率	93.75%	≥94%（资金支持）	—	—	约束型	优秀*指标
4	资源节约	生态循环农业	农作物秸秆循环利用率	99%	≥99%	—	—	约束型	领先指标
5			化肥利用率	42%	≥43%	—	—	约束型	提升指标
6			农药利用率	47%	≥45%	—	—	约束型	领先指标
7		绿色畜牧业	集约化（规模化）畜禽养殖场粪便综合利用率	96.63%**	≥95%	—	—	约束型	优秀指标
8		绿色农产品	主要农产品中绿色、有机、地理标志农产品产量	1.45万t	2.39万t	—	—	约束型	提升指标
9	低碳发展	清洁能源利用	生活用能中清洁能源家庭覆盖率	—	—	≥80%	—	约束型	优秀指标
10		污水处理与再利用	村镇生活污水集中处理率	79%	≥86%	—	—	约束型	提升指标
11	绿色生活	绿色生活	村镇环保宣传普及率	—	95%	—	—	约束型	提升指标

　*领先指标：优于相关指标目标。优秀指标：基本达到相关指标目标。提升指标：较相关指标目标尚有差距。

　**此处数据为同类数据，即延庆现状集约化（规模化）畜禽养殖场粪污综合利用率。

11.4 行动方案

11.4.1 提升农村生态环境，推进农业低碳发展

树立绿色思维，强调村镇作为生态环境的主体区域的重要性，严格落实生态环境规制措施，约束对自然环境，如空气、水环境，以及生物多样性有负面影响的建设行为。实施绿满村镇行动，增加绿色空间，采用借地绿化、见缝插针等多种方法植树护绿扩绿，实现"街边有荫，宅旁有木"，丰富树种，融入文化内涵，突出乡镇特色。全面推进绿色公共空间提质增量，精细化提升村镇环境景观化水平。巩固生态清洁小流域建设，开展河塘沟渠整治提升工程，强化系统固碳增汇，将河塘沟渠打造为乡村靓丽风景线中的金丝带，实现"河畅、岸绿、景美"，稳固提升森林碳汇，村镇河塘沟渠整治率达到90%以上。探索通过技术化、安全化的措施推进生活污水处理再利用，用于水肥灌溉和庭院绿化，控制村镇生活污水集中处理率不低于86%。

实施绿满村镇行动

（1）每个乡镇至少建设1处休闲公园，行政村至少建设1处绿地公共空间，加快特色森林城镇和首都森林村庄的创建工作。

（2）开展镇村公共空间改造提升工程，加强镇村主要进出口、旅游道路沿线等可视范围的景观化提升，开展镇区公园、村头公园、村头片林建设，推进镇村街头小品、文化墙和庭院微景观建设。

（3）开展河塘沟渠整治提升工程，实施截污治污、清淤疏浚、环境卫生治理、河岸生态化改造等，在山区村庄涵养水源，设置封禁标牌、建护栏，实施湿地恢复、沟道清理整治等生物和工程措施等；在川区村庄重点改善农业种植环境，实施污水处理和村庄美化。

强化农业资源节约集约利用，加强耕地资源保护，实施高标准农田建设工程，全面落实秸秆还田和轮作倒茬制度。全面发展节水农业，推广节水品种，实现节水种植，推行节水农机，保持全区农业灌溉水利用系数不低于0.751。加大农业面源污染综合治理，推广化肥农药减施增效，到2025年，化肥利用率达到43%，农药利用率达到45%。推进农业废弃物资源化，畜禽粪污坚持种养结合，实现循环资源化利用。整治农业白色污染，到2025年，农用塑料薄膜回收率不低于94%。丰富农业

生态涵养功能，推行耕地休耕轮作，实施秸秆粉碎还田，鼓励探索低能耗、低污染、低排放、高碳汇的"三低一高"技术实现特色农业"种植—生产—经营"全生命周期低碳化，逐步实现农田固碳增汇。推动农业生产"三品一标"，探索乡镇零碳农产品认证和碳标签试点，到2025年，绿色、有机、地理标志农产品产量达到2.39万t以上。

11.4.2 打造宜居田园"微中心"，加快乡村旅游振兴

发挥"以旅兴农、绿色赋能"的作用，推进景村融合和农文体商旅融合发展。山区村庄立足"景村融合"，坚持九沟十八湾"大景区"思维，打破景村界限，加快生态资源价值转化和存量空间资源盘活，实现景村共建、共融、共享的全域景区化发展，推动乡村的文化、民俗、环境的旅游价值转化，鼓励零碳酒店民宿、森林康养度假、冰雪运动等绿色旅游业态。川区村庄立足"农文体旅融合"，树立"社区式乡村旅游"思维，精细化提升游客在田园风光、村落建筑、乡土文化、农家风味等方面的乡村生活方式体验，加强乡村旅游活动与社区式生产生活开放式融合。镇区积极提升乡村旅游服务，提供完善的旅游基础设施和公共服务，规范乡村旅游市场秩序，丰富旅游产品供给能力。以绿色村镇建设为契机，以首都人民追求生活品质的新兴需求为导向，推动村镇抱团聚集、创新联营，形成组团式发展格局，建设主题鲜明、聚力成群的宜居田园"微中心"，为首都市民提供远离都市的田园式高品质生活区，带动延庆区的城乡融合高质量发展。充分发挥延庆区人文景观丰富、生态环境品质高、乡村旅游市场基础好等优势，完善现代品质生活的村镇设施体系，分区分类差异化营造宜

图 11-18　延庆区大庄科乡沙塘沟村纪念馆

居田园"微中心"，围绕"研学旅居、康养度假、户外运动、文化创意等乡村旅游度假需求"打造田园式高品质生活区。

宜居田园"微中心"试点建设

文化创意微中心：八达岭镇古长城、石峡片区依托当地历史文化资源，突出文化传承和旅游服务功能，践行习近平总书记"守护好长城，弘扬长城文化，讲好长城故事，带动更多人了解长城、保护长城，把祖先留下的这份珍贵财富世世代代传下去"的殷切期望，开发文化旅游、文创IP、山地自然旅游等业态，打造文化创意微中心。

研学旅居微中心：大庄科乡沙塘沟村、霹破石村、铁炉村等"红色后七村"依托景观资源和人文资源，完善基础设施建设，融合当地特色文化传承，重点发展研学、教育、培训、体验等旅游业态，打造研学旅居微中心。

科创服务微中心：康庄镇火烧营、大营、小丰营片区发挥区位交通和自然生态条件优势，整合都市农业、生态景观等资源，重点提升村镇空间环境品质与配套服务设施建设，带动产业服务功能提质升级，推动村镇融合发展，打造科创服务微中心。

康养度假微中心：千家店百里山水画廊核心区以生态资源、秀美山水、地质文化、历史文化资源为核心，开发乡土文化体验、特色生态旅游产业，打造以生态文化旅游、高端精品接待为方向的康养度假微中心。

运动休闲微中心：张山营镇冬奥会延庆赛区周边区域依托冬奥冰雪休闲小镇资源，重点发展冰雪体育、休闲文化旅游、生态农林业，打造以冰雪运动休闲、四季山水度假为主的运动休闲微中心。

11.4.3 加强资源循环利用，推动农村能源转型

践行"绿色节约、环境友好"的原则，深入推进村镇能源清洁化、资源节约化、废弃物资源化。加快构建绿色、多元、可持续的乡村能源体系，扩大农村地热能、太阳能等可再生能源利用，形成以电为中心、其他能源配合发展的能源供应体系。持续推进煤改清洁能源工程，加强农村地区电网、燃气管网、LNG/CNG（液化天然气/压缩天然气）项目建设，实现村镇生活用能中清洁能源家庭覆盖率不低于80%。以张山营镇、延庆镇、旧县镇、沈家营镇为试点，打造生活垃圾处理全过程低碳化模

式，全面实施生活垃圾分类和合理回收，并进行减量化处理和资源化利用，对先进乡镇进行表彰和奖励，开展垃圾分类示范村创建。结合循环经济产业园建设，全面推进农村废弃物资源再利用，持续推进农作物秸秆的循环利用，到2025年农作物秸秆的循环利用率不低于99%。加快发展"秸秆—畜禽养殖—有机肥"种养结合示范，集约化（规模化）畜禽养殖场粪便综合利用率不低于95%。

村镇资源高效工程

（1）全面开展废弃物循环利用工程。实现秸秆的综合循环利用，实现秸秆的肥料化和饲料化等。进一步推动秸秆机械化还田；集约化（规模化）养殖场在粪污收集、处理、消纳等方面实现绿色技术创新，采用雨污分流减少污水量，同时控制减少粪污对环境的污染和有害气体的影响。

（2）加强地热能、太阳能、风能等可再生能源利用，支撑乡村能源低碳转型。开展后黑龙庙村分布式光伏、光伏建筑一体化等示范建设，探索光伏发电板、光伏连廊、光伏座椅、光伏宣传栏、光伏路灯等光伏小品在乡村新能源建设中的创新应用。

11.4.4 建设宜居绿色农宅，改善农村人居环境

建设健康、适用、高效的绿色农宅，在建造和使用期间实现节约资源、人与自然和谐共生。积极推进农村住宅绿色节能保暖，尽量采用较低的体形系数，围护结构采用保温、隔热、遮阳新技术，选用乡土材料、节能材料和节能高效设备，有效降低建筑能耗。开展太阳能热水系统、太阳能光伏发电、被动式太阳房等太阳能应用，持续加大抗震节能农宅建设，实现住有所居到低碳安居。积极探索成本适宜、利于生产、节能生态的农宅绿色建造，可选用装配式钢结构等安全可靠的新型建造方式。

以宜居田园"微中心"为抓手打造远离都市的田园式生活服务高品质新社区。全面提升乡镇中心区医疗、卫生、教育、文化等公共服务质量，形成乡村公共服务和旅游服务的"微中心"，实现宜居功能和产业需求相互匹配，促进乡村现代化。充分利用现代数字网络技术植入高品质公共服务，发展互联网健康乡村门诊和线上教育，打造养老服务综合体。加强灾害监测预警和排涝通道、避难场所、应急疏散通道建设，提升乡村地区安全韧性水平。

加强环保宣传引导，鼓励村民自觉使用环保包装袋，自觉选用绿色建材、绿色

设备、绿色产品，让绿色消费成为一项自觉行动，环保宣传普及率达到95％。通过奖励、教育、服务等手段，激发村民积极主动进行垃圾分类、庭院绿化、保护环境等爱绿护绿活动，将环境卫生、生态保护、节能环保等纳入村规民约，使绿色发展理念融入日常生活。

2025年绿色低碳示范村镇试点

为深入贯彻落实北京市"百村示范、千村振兴"任务要求，结合延庆区地理环境、自然资源分布情况，围绕长城文化带，采用试点先行的建设方式，依托延庆区"醉美井庄"示范片区建设项目，以井庄镇为主选择一批发展基础好、农民参与热情高的乡村，重点提升农村环境质量，改善乡村生产生活条件，加强产业赋能，推进乡村经营治理。以建设绿色低碳试点村为抓手，以城乡融合发展为核心，引导聚集宜居田园"微中心"新载体，逐步形成融农耕文化、自然山水与现代设施于一体的、特色鲜明的试点乡镇。

张山营镇：整合全镇山水林田生态资源及冬奥文化资源，打造以冰雪运动休闲、四季山水度假为主的世界知名冬奥小镇，推动松山国家级自然保护区、玉渡山自然保护区、官厅水库、蔡家河湿地等生态产品价值转换，探索绿色建筑与民宿等本土建筑的融合，全面推进分布式光伏发电应用，推动"智能电网+智慧农业"的零碳示范园区建设，打造京西北四季宜游、宜居、宜养、宜乐的延庆绿色低碳示范镇。

碓臼石村：坚定"101地球生态村"绿色乡村理念，围绕碓臼石景区发展绿色民宿、无痕露营、徒步健身、生态农场、养生度假等低碳旅游，延续绿色环保绿色理念的传播与教育研学，开展环保教育和低碳论坛及主题活动，实现以碓臼石景区带动"景村融合"整体发展，建设环保理念强、主导产业绿、环境质量高的零碳旅游示范村。